能力升级

如何让你越来越值钱

安纳金　黄常德　爱瑞克◎著

中国友谊出版公司

最真诚的问答 Q&A

洪雪珍　yes123 求职网资深副总经理

在当前的经济形势下，年轻人为低薪、低发展所困，能力升级将是针对这个问题一个可行性很高的解答。不单我这么想，只要看《能力都是逼出来的》高踞畅销书排行榜多时，就知道这已经是一本现象级的书籍了，年轻人用实际行动告诉他们的父母与企业，这是他们向往的人生。

那么问题来了，具体怎么做？

这本书汇集了大家最热切想知道的答案，请到三位专家，不，应该是三位身体力行且实际有成的能力青年现身说法，将自己摸索多年的成功之法，不吝惜地一一传授给更年轻的一代，可以想见"能力青年"将会以星火燎原之势，燃遍全国，乃至全世界。

能力升级，虽然说追求的是无边界的人生，但核心不在于多重收入或多重职业，而在于多元人生，过自己想过的生活。但是对于一般上班族来说，第一步仍然会先从非核心着手，怎么改变现有的局面，拯救自己的低薪，为自己不确定的未来加上一层防护网。

因此，能力升级很重要的一项技能，是在这个知识经济、体验经济的时代，将自己的知识与兴趣经营成可长可久的事业，并且具有变现能力，最好是能够因此离开组织，不再朝九晚五，而百分之百掌握自己的人生。

　　有人会问，很想做斜杠青年，但是不知道怎么做；有些人know how，但是不确定是否有独特性；有些人只会做不会卖，担心销量；也有些人不知道怎么建立收费机制；有的人担心市场太小，做不大、赚不到钱；也有些人担心收入不稳定，让家人缺乏安全感……

　　这些问题，长久以来在这些人的心里盘旋不去，一直未能得到让人安心的解答，那么不妨来听听这三位能力青年怎么说，我个人认为他们答得真诚、实际且到位。在追求能力人生的道路上，这本书会是你的重要指南。当你心生疑惑或遇到挫折时，建议反复阅读，应可拨开迷雾，寻得方向，同时找到支持的力量。

目　录

1　能力认知篇

多数的能力都是通过刻意练习而来。

2　生涯发展篇

需要是发明之母 (Necessity is the mother ofinvention.)

——W . 汉隆 w.hanlon

I

3 市场环境篇

跟别人学，学方法智慧；跟过去学，学经验法则；
跟市场学，学借力打力。

4 家庭环境篇

家属的 want，你的 need 还是 must？

5 财务管理篇

有钱人和你想的不一样！

6 资源平台篇

自我投资与学习，才是无限成长之路。

7 蓄势起步篇

"限制"其实可以激发一个人无限的潜能。

8 平衡取舍篇

人事人事，"人"前，"事"后。

9 个体崛起篇

未来社会，个体是产品也是品牌，如何个体崛起？

1

能力认知篇

多数的能力都是通过刻意练习而来。

01
你的死工资，正在拖垮你？

不要只是贪图短期的安全感，而不愿意跨出舒适圈，最后导致要面对人生下半场"不满意却只能接受又无法重来"的风险。

维持现状已经是不可能的

"缺乏企图心、想维持现状"以及"要如何勇敢踏出舒适圈"，是网友票选出来的关于斜杠难题最高票的前几名。这两道难题之间的差别，在于前者是连动也不想动，也就是说不知为何要动（why to move on？）；而后者是想动但是不知如何动（how to move on？）。

如果你缺乏动机，那么给你再多的方法或工具都没有用。我们必须先解决你不知为何要动的问题，等你确认必须前进并且愿意做某些改变之后，我们才能教你如何做到最佳的改变方向，以及有效率地到达目的地。这一篇，是要明确地让你清楚了解到，想要维持现状已经是不可能的了，你一定要往前、往上改变自己！

首先，你一定要认清一个再简单不过却又无法抗拒的道理："人无近忧，必有远虑。"也可以说："人无远虑，必有近忧。"这是两千多年前孔子的智慧，无论套用在国内外任何人的工作或生活上，都是至理名言。在本书的前三章，三位作者都已经分别从不同的角度剖析了当今世界发展的趋势，请注意，不是"未来发展趋势"，而是现在进行时。全球的科技与职场生态正在快速变革当中，想维持不变已经是不可能的了。

面对人生下半场不满意却无法重来的风险

——陈重铭这样说：

以往公教人员的工作稳定，收入与退休金都不错。但是大环境改变了，18%的公教岗位被取消，退休金所得替代率也从90%被砍到60%，如何还能维持现状？退休金不够，公务员不得兼差，钱要从哪里来？唯有认真学习投资理财，帮自己存下另一桶金。

我必须很诚实地说，你目前的安逸很可能将造成未来的不安甚至痛苦，眼前无法保证未来，后者才是确定的。在财务界，有一个普遍存在的重大风险，就是多数保守型投资人因为不愿意承担投资风险，而将资金长期放在低于通膨水平的银行定存，导致实际购买力下降，或者到了年老时存不到足够安稳退休所需的总资产水平，或者退休之后才发觉资产不够用的"长寿风险"（longevity risk，也就是"钱花完了，人却还没死"），这些都是人生财务准备不足的风险。

在职场上，也同样存在着一个普遍又重大的风险，和前一段所描述的财务风险来对比，你会发现是多么惊人的雷同：多数保守型上班族因为不愿意承担自我改变的风险，而将自己长期放在低于自己该有的薪资水平的位子上，导致长期财富累积不足，反而要面对将来无法保障自己人生下半场或者家庭财务不足的风险。

因此，不要只是贪图短期的安全感而不愿意跨出舒适圈，导致最后要面对人生下半场"不满意却只能接受又无法重来"的风险。如果政府和产业龙头企业都已经带头展开了产业变革，只要你未来十年还会留在职场上，那么，这些改变一定会影响到你的职业生涯发展；如果你未来可能还有超过十年、二十年以上的时间会在职场，那么你就要赶快醒一醒，安逸和维持现状是不可能的，你必须尽快往前移动。越晚清醒，你的相对竞争力持续下降，就越难追赶或弥补！

个人能力必须跟随年龄增长

除了外部环境的变革之外，还有另一个你一定要知道的事实。职场上绝大多数的雇主在雇用新员工时，评判是否要录取一个面试者，以及该用何种薪资待遇水平来录用一个人，有两大普遍采用的基本原则：

原则 1：以你的年纪或年资来比对你现有的能力

从你的工作经历和能力的证明，以及面试对谈过程当中的观察，雇主或人力资源主管发现你目前的能力并无法跟上你年纪或年资的增长，那么，你可能就会被视为工作能力不佳甚至学习能力不佳的一个人，或者简单地说，就是竞争力不够的一个人，是很难被录用的。

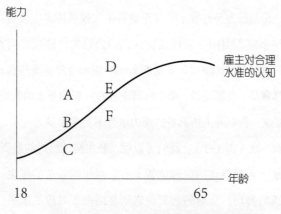

〔图1-1〕 个人年龄与能力的S形曲线

在〔图1-1〕当中，横轴表示一个人的年龄，而纵轴则是他在职场上所展现的能力。用人经验丰富的雇主或人资主管，大致上对于每一个职缺，对于合理且应该呈现出来的多数人平均能力水平，心中会有一个基本的认知，类似图中的S形曲线。雇主只会考虑录用在S形曲线上方的候选人（A、B、D、E），而完全不会考虑雇用C或F。因此，你一定要在时间不断流逝而年龄持续增加的过程中，避免让自己落入S形曲线的下方。例如F，尽管能力比B和C还要好，但并不会被录用。

原则 2： 以你的能力来比照给予对应的薪酬待遇

国内的就业市场算是相对有效率的，因为求职渠道非常多元，而且拜互联网与社交媒体普及之赐，信息流通速度快，因此每一个职缺公布之后，总是很容易有数十个甚至数百个人投履历来应征这一份职务。加上很多家人力中介公司或企管顾问公司的协助统计调查，促进了薪资的透明度，这使得每一份职务所对应的合理薪资待遇水平，相对匹配都容易。也就是说，雇主所给予你在一份职务上的薪资待遇，通常和你在这一份职务上所具备的能力水平不会差很多。

重新看一次〔图 1-1〕，我们可以说，雇主愿意给付的薪资待遇，通常等于每个人所落在的纵轴位置上；相对压榨劳工的雇主，或者一家不赚钱的公司，会给的薪资待遇则是略低于对应的水平，直到不得不调薪为止，而调薪也仅是反映到合理水平。至于会录用 A ／B ／ D ／ E 当中的哪一位？这倒要看雇主对于录用者的能力与薪资成本之间的取舍。

D 是资历与能力都最好的，但也最贵，公司未必付得起这么高的薪资待遇来请这么一个人。如果该职缺对于"年资"的要求并没有很高的话，有些雇主是会考虑录用 A，因为年轻而且在同辈当中能力突出、未来发展空间很大。

当然，还有能力以外的考虑，例如人格特质以及对于组织文化的契合度。倘若 A 或 D 的人格特质并没有受到雇主的欣赏，或者评估可能较难融入这一家企业文化，那么雇主也可能会改用 B 或 E。这也意味着，除了能力以外，具备人见人爱的特质以及高 EQ，是在职场上脱颖而出的另一关键。

越晚行动，就越没有选择的权利

最后给你一个忠告：假设你是〔图 1-1〕当中的 B，你展现出优于市场平均水平的能力，一旦你安于现状，随着时间流逝，年龄增加，能力却维持在原本水平，几年之后，你就会落在 F 的下方，一个没有雇主会考虑你的位置。你若问我说"是不是维持现状就好"，你自己说说看，这结果怎么会好？

如果你习惯于安逸，一直待在舒适圈中太久，以致于能力并没有跟着年龄或年资同步提升的话，停留越久，你的下一份工作就会越难找。现在已经没有雇主会愿意依照你的年龄或年资来决定给予你多少薪水，而是根据你的能力可以在这个职务上创造出多少价值，能够为公司解决多少问题，来决定你的薪资待遇。你要记住，"没有永远的工作，只有永远的能力！"

高手的提醒

可以搭配本书第四章的第二个问题："怕失败不太敢冒险，要如何勇敢踏出舒适圈？"一起阅读，积极地踏出自己的舒适圈、往前迈进吧。就算不为了自己，也要为了家人！

02
你的很稳定，正在淘汰你？

如果你的职位是低技术门槛，或容易被人工智能、机器人及大数据分析所取代，最好尽快让自己转型或提升，因为将来面临的是适者生存、不适者淘汰的新职场。

适者生存，不适者淘汰

"要如何勇敢踏出舒适圈"是网友票选出来的关于斜杠难题第一高票，这代表许多人都是心里有想过要自我突破，但是迟迟没有行动。根据我对于多数有这样问题的朋友进一步探询原因与实际想法之后的了解，可以归纳出不外乎两大类原因：①"动机不够强烈"（也就是诱因并未大到让自己愿意牺牲眼前的安定）；②"不知道从何开始？"

勇敢踏出，有可能挑战成功，使生活从九十分转变为一百分；当然也有可能不如预期，但一路上所学到的，已足够成长为七十分。敢于改变现状，敢于承担自己的选择，就是踏上自我实现的第一步。因为人生真正困难的，不是不变，而是面对改变。

在本书的第十章"不知如何起步的问题"有专门讨论如何开始的议题，所以，在此仅针对"动机不够强烈"这个问题来寻求解决与突破之道。

首先，让我们再次检视〔图1-1〕个人年龄与能力的 S 形曲线，图中的 S 形曲线是雇主对于"合理水平"的认知，也就是一般平均而言，在职场上所观察到的水平，然而，每个人的差异很大。

我在职场上曾经雇用过超过五十个人（包括正职、约聘或实习生在内），而曾经面谈超过两百个人、看过一千封以上的履历。这些丰富的第一线面谈经验，让我可以把职场上所看到的人们的能力，大致归类为以下甲乙丙三种情形：

甲类：表现相对稳定但趋于平庸，他们的能力曲线如〔图2-1〕。相对于〔图1-1〕的平均水平而言，若平均水平是能力随着年龄以四十五度的仰角上升，那么甲类型的员工能力随着年龄增长的曲线

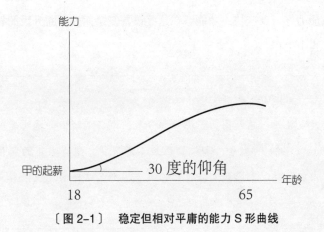

〔图2-1〕 稳定但相对平庸的能力 S 形曲线

仅约以三十度的仰角上升（提醒：这仅是一种示意图，实际上，甲类型呈现的是较平均水平更平缓的成长曲线，至于平缓多少，则差距可大可小，未必是三十度与四十五度角之间的差异）。

甲类型员工的特性是除了随着时间（也就是年资的增长），能力增长幅度相对较小之外，他们的起薪也相对不高，到职业生涯末期的最高薪资水平也低于市场平均水平。这普遍出现在较低技术门槛的劳工阶层，随着工业自动化的普及，这类型员工的职缺逐渐在递减。

"工业自动化"通常被视为"工业 3.0"，而目前全世界制造业已逐步进入到"工业 4.0"的时代，也就是大量运用自动化机器人、传感器物联网、供应链互联网、销售及生产大数据分析，以人机协作方式提升全制造价值链之生产力及质量；德国是在 2010 年 7 月提出"工业 4.0"的施政目标，至今已经八年。这也意味着，"低技术门槛"人员需求在制造业逐渐消失，取而代之的是具备一定的知识水平，以及能够跟这些智慧自动化设备协作的人员，而且必须学习能力好、反应快，才能够在这些设备复杂而且不断升级的智慧工厂当中生存。

——MissAnita 御姊爱这样说：

大多数的人总是高估了现状的分数，事实上踏出舒适圈是一种 Nothing to lose 的概念，如果你已经不满现状，觉得当下的职位、工作内容是鸡肋，已经无法再让你成长，那么这样的现状根本未满六十分。

当然，并非仅有制造业面临这个生存与淘汰赛，服务业当中，低技术门槛或者容易被人工智能及机器人、大数据分析所取代的职务，例如柜台收银员、服务台咨询员、翻译及口译人员、律师及会计师助理、电话营销人员、银行授信及换汇人员、保险核保人员、市调人员、行政文书人员，等等，都可能是消失速度最快的职缺。如果你处于这些职位上，最好尽快让自己转型或提升，成为本书后面所述的不同员工类型。

如何快速自我成长？

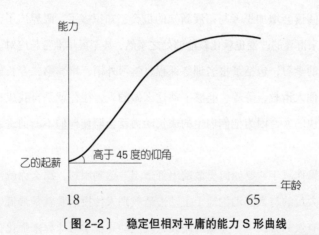

〔图 2-2〕　稳定但相对平庸的能力 S 形曲线

乙类：学习能力强而成长速度快的人，他们的能力曲线如〔图2-2〕。相对于〔图1-1〕的平均水平而言，若平均水平是能力随着年龄以四十五度的仰角上升，那么，乙类型的员工能力随着年龄增长，可能以五十度至六十度以上的仰角上升。

乙类型员工的特性除了随着时间（也就是年资的增长），能力增长幅度相对较高之外，他们的起薪也相对较高，离开职场前的最高薪资水平也高于市场平均水平。这样的人员往往出现在与人互动频繁、竞争激烈的商业界，尤其是业务或营销人员、金融投资管理或分析人员，但也可能出现在制造业的管理人员，无论是负责开设新厂或负责管理现有运营都有可能。

这类型员工有几个普遍的共同点：乐于（或者不排斥）与人沟通互动、大量的阅读自主性的学习。因为唯有大量的与人沟通或互动，才会增加回馈与自我检讨机会，越多的碰撞，就会产生越多的机会。大量的阅读会增加思考与拓展新知的机会，知识多了，眼界广了，对于未来世界的改变也就比较能够处之泰然，甚至提早准备与应对。自主性的学习，包括了报名训练课程、学习外语、培养第二专长或者多向他人请教，等等，能够主动这么做的人，往往就是自我成长速度最快的人，因为他们内生的成长动力就会驱使他们不断前进、向上。

如果你对于"要如何勇敢踏出舒适圈"感到困惑，那么你就快快开始大量的与人互动沟通（主动去请教别人传授经验就是最低成本而且有效的方式）、大量的阅读以及主动寻找学习课程来强化自身本职学能／培养第二专长，这就是最佳解。

追求卓越是自我突破的秘诀

对于多数职场工作者而言，若能够成为学习能力强而成长速度快的人，基本上就至少可以衣食无缺，无论将来技术或职场如何变革，被革掉的人都不会是这些人。但是如果你追求的是更高层次的目标：成就感与自我实现，那么跨业（跨领域）的试炼，往往是最好的自我突破快捷方式。我周遭有许多属于这一类型的卓越追求者，我就用丙类型来简称与说明。

丙类：不断自我突破的卓越者，他们的能力曲线如〔图2-3〕，很显然地，他们在一生中会有好几次的自我突破经验，根据我对这些人的观察，他们除了普遍具有前面乙类型（学习能力强而成长速度快的人）大量与人沟通、大量阅读以及自主性学习的习惯之外，他们还多了两项共同特征：追求卓越的习惯、愿意接受新挑战的习惯。

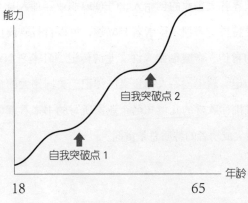

〔图2-3〕 学习能力强而成长速度快的S形曲线

丙类型的员工，之所以能够在一生当中出现好几次的自我突破，让个人能力以及对应的收入水平不断地提升的关键就在于："追求卓越""愿意接受新挑战"这两种习惯。追求卓越是每一个领域的成功者所必备的习惯，他们不甘于平凡，因此凡事都会自我要求做到最好，不需要别人的鞭策，因为别人的要求都不会比他们的自我要求更高。

"愿意接受新挑战"则是更少数的顶尖成功者的一种特征，他们愿意跨出原本已经相当成功的领域，进入一个他们原本不熟悉的新领域，而让自己"学习与成长的边际效益"最大化，这些跨业的经验最后都会整合起来，助其成为一个不可多得的管理人才，比其他竞争者拥有更完整的人生历练。试想，如果一家公司希望能雇用一位优秀的职业经理人，会挑一位一路来只专注在自己工作领域内或部门内事务的人，还是挑选一位已经历练过不同产业、跨不同部门经验的人呢？

在全世界各大企业的创始人、CEO或职业经理人身上，都可以看到上述的特质与习惯。读者若有兴趣，可以自行研读台积电创始人张忠谋的自传、奇美创始人许文龙的传记、日本SONY创始人盛田昭夫的传记、软银创始人孙正义的传记。美国伟大的企业领袖传记更多，或挑你欣赏的几位知名企业家所写的书来看都可以。大道至简，而顶尖成功者的特质总是雷同。

高手的提醒

如果你是甲型的员工，你要快醒醒。因为相关的职缺，十年内一定会锐减，你现在的舒适就是将来的不舒适（或者无所事事）。参考乙型的员工能够快速成长的三种共同特点，快快跟着做吧。

03
多数的能力都是刻意练习而来？

先从自己有兴趣的领域开始，并持续投入时间刻意练习，最后养成的能力就有机会产生很高的价值。

能力不是关键，一切从热情开始

有些人会把斜杠青年想得太复杂，目标设得太高，以至于不敢跨出第一步，其中一个主因是，过度把焦点放在"多重职业"或"多重收入"上，这是本末倒置的。事实上，绝大多数的成功斜杠青年都是先从"多元兴趣"或"多元价值"开始，也就是说，先从做自己有兴趣的事情为出发点，而这些兴趣最后也创造出了价值，至于后来会不会变成另一个收入来源，并不是一开始你要关心的重点。

我必须强调，一定要先从自己有热情的领域开始（通常是你的兴趣或嗜好），也就是做自己喜欢的事情，然后试试看，能否从做这些事情的过程当中创造出价值。

举例来说，我的瑜伽老师一直都是金融从业人员，她很喜欢瑜伽，一开始是自己先去学瑜伽，后来因为一位好朋友有兴趣也想学，她就以不收费的方式教她这位朋友（就像是找朋友一起练瑜伽）。后来有其他朋友的妈妈想学瑜伽，但是不想去外面上课（觉得太贵，又怕费用缴了后来无法持续上课，会浪费钱），得知她有在教，也就请她下班后去这位朋友家里教她妈妈，再补贴一些费用给她，于是，金融从业人员 / 瑜伽老师的多元价值就这样产生了。

她原本的瑜伽老师得知她已经有能力教初学者之后，只要她的瑜伽老师有事，就会请她代课，而代课是有收入的，所以她也就多了一个非正职的收入来源。在这个案例当中，如果她一开始就把瑜伽视为副业或兼职，那么反而就可能会因为压力过大而放弃，但若视之为兴趣（因为就算不教学，自己也是会花时间练）而顺其自然，就会发展出很好的结果。

事后来看，如果她把"能力"的评估摆在前，那么一开始当然能力不够当瑜伽老师，但是如果专注在"热情"上面，只要对于有热情的领域持续投入，随着时间流逝，能力自然会累积，到最后甚至超乎自己一开始的想象。

多数的能力都是通过刻意练习而来

在知名畅销书《刻意练习》（*PEAK: Secrets from the New Science of Expertise*）里，提到了一万小时理论，也就是说，许多在该领域出类拔萃的顶尖人士，都是经过一万小时的刻意练习而来，而不是天生如此。你必须留意，那所谓的一万小时是成就"顶尖人士"的标准，但你若要成为一个斜杠青年，并不是非得要做到一个领域最顶尖的人士才行。事实上，一百小时的刻意练习就会产生一定的基本能力（如果每周练两小时，持续一年就会超过一百小时，例如练英文或练日文，都可以达到基本可以对话的程度；练任何一种乐器一百小时，都可以达到基本可以弹奏或吹奏的水平）；如果是累积五百到一千小时的刻意练习，就可能会达到"熟练"或被视为"达人"的水平。

据我观察到的许多斜杠青年，都是在某一个领域当中，持续投入两年至五年的时间后，到达受到周遭亲朋好友肯定的标准。通常一个人对于自己有热情的领域，每周投入十小时是很常见的，那么一年五十二周就是五百二十小时，两年就会超过一千小时。而你周遭的亲朋好友通常就是你能力的最直接受惠者，也是鼓吹者，如果你在自己有热情的领域能够获得亲朋好友们的祝福，那么通常不用很久，你这个能力就会产生很高的价值（无论是去教别人，还是帮助别人完成事情，或者创造出产品或服务给别人），至于要不要将这些价值转化为收入，以及何时转化为收入，就看你自己的选择了。

——黄一嘉这样说：

自评能力的基础水平之前，最重要的是先找出自己的优点。

根据我的观察，华人家庭的小孩通常缺乏自信心，原因在于华人家庭的父母对孩子大多偏向责骂而非鼓励的教育方式，因此在充满批评责骂环境下生长的孩子，只知道自己的缺点，却从不肯定自己有哪些优点。甚至，连自己本身有什么优点都不清楚！

强烈建议各位，扪心自问并写下："我的优点有：……"

把这些优点写下来，放在书桌上，天天唤醒自己。

高手的提醒

斜杠青年普遍都不是从多重职业、多重收入开始的，而是以个人兴趣为起点，之后衍生出来价值而发展的；至于这些兴趣和创造出来的价值要不要去变现，都是后来的境况决定，而不是你一开始所要烦恼的。

04
先求有，后求好，最后再求独特？

想确认自己兴趣优势的独特性或竞争力，第一步就是
先搜寻是否有相关领域的竞争者，再评估有没有市场性。

先上网搜寻相关领域的竞争者

拜科技发达所赐，现在信息流通速度很快，而人们的需求以及
遇到的问题多半大同小异，因此我们想到的创意或点子（ideas）往
往不少人也都遇到想到了，只是有没有人做到，上网搜寻大概就知
道了。

如果你不知道自己的兴趣优势是否具有独特性或竞争力，建议
第一步就是先上网搜寻相关的议题，看有没有人在讨论？是否已经
有相关的产品或服务推出了？有没有达人或成功者？

如果网络上都搜寻不到相关的信息，有可能是你用错关键词，
当然搜寻不到正确的目标，那么你可以试着到大型的社交媒体（例
如 Facebook ／群组）去发问看看，或许会有人提供一些信息给你。

如果真的完全找不到和你一样构想的产品／服务／达人出现的

话，那么肯定有独特性。但有没有"市场性"（也就是这样的产品或服务到底有没有市场，人们真的会想要付钱买吗，市场够不够大到养活你）后续会进一步讨论。

如何知道自己的竞争力高低？

如果网络上有找到相关的产品／服务／达人或成功者的话，看看他们的作品，和自己的兴趣优势相比，差距多大？为了避免自我感觉良好，最好拿自己的作品或构想询问你周遭的人，究竟水平相差多少。如果问少数几个人不够客观，那么不妨多问几个人，因为你可以就近询问的这些人也是将来你发展新事业时，最可能的第一批使用者（或者受害者，所以你一定要他们很诚实地跟你讲才行，不然将来他们就要容忍你把你的烂作品硬推给他们用）。

再来，就是要通过"市调"（市场调查）来测试市场性，以及竞争力高低。建议你把自己的作品放到网络上获取回馈，来测试市场接受度，借此更了解自己的水平在哪里；若还没有具体成品的话，把你的构想或 know how 尽可能具体地描绘清楚一点也行。Facebook、Instagram、Youtube 是最常用的社交媒体，如果你害怕丢脸或者被自己公司的老板或同事发现，你可以请信得过的好友帮你把作品上传至上述的平台，让该平台当中的人来给你回馈。如果你找人脉越广的好友帮你去做"市调"，那么获得的响应往往会越多，越具有参考性。

不够独特怎么办?

若要期待自己的兴趣优势是市场上完全没有的，概率很低，也就是说"绝对的独特性"并不容易，但是即便不够独特，你仍有三种应对策略：1.差异化；2.低成本优势；3.速度优势。分别论述如下。

1.差异化：不求整体独特，而是在细部有所差异化。例如手机贴膜、指甲彩绘、美容美妆的技术都差不多，但是你只要有一些与众不同的地方（包括服务过程的差异化或场地设备的不同），就能够形成差异化。

2.低成本优势：如果你认识的朋友多，因此创造出来的产品或服务可供多人使用，你就会有经济规模效益。因为你的产出量大（就算是薄利多销），就能够跟你的上游或者原物料的供应厂商议价，取得较低的成本优势。

3.速度优势：如果你的动作快，可以在市场上还仅有少数人提供该类型产品或服务的初期，就先进入该市场，那么，就容易取得较多的客户，这就是"先占优势"。或者就算你已经没有先占优势，但是你产出作品或服务的速度，可以比别人快，那么，你也可以在产出效率上赢过竞争者。现代人普遍没有太多耐性等待，因此即便是相同产品，越快能够满足客户需要，越快出货，就是赢家。

只要你能够采取以上三种策略的任何一种，那么，即便你的兴趣优势并不独特，仍然可以在该领域获得一定的市场，取得客户的青睐。

高手的提醒

　　人们的需求大多大同小异，因此只要能够有兴趣优势，确定人们有这种需要，就不怕市场太小，因为你并不是要一步登天，跨出第一步就赚到大钱，而是先求有，再求好。许多成功人士都是从小斜杠后来发展成为大斜杠的，关键是要勇敢地先把一只脚放进去试水温（重心还是在原来的另一只脚：本业），等确定值得完全投入新领域，才考虑把两只脚都放进去。

05
福布斯 30 under 30 精英都有哪些能力？

　　勇敢尝试，持续保持对大环境趋势发展的了解，选择对的方向，同时做好自我管理，并学会营销自己。

勇于尝试并适应环境的能力

　　开始到成功的最短距离，端看你尝试的勇气和适应环境的能力有多强。1930 年，托尔曼（Edward C. Tolman, 1886-1959）与霍齐克（Honzik）两位科学家对老鼠进行实验，证明思考与认知是学习的重要过程，最快走出迷宫的老鼠并不是一直被奖励的那只（制约行为），而是先经历过一段尝试过程后，再给予奖励的那只（认知学习）。

　　社会就像是一个大丛林，但不保证你找到一个部落就可以安稳生存，部落可能消灭，环境可能改变，依附别人的心态就像是制约行为一样，当环境变化时你还可以走出来吗？这是一个不分年纪，每个人都必须面对的问题。

　　《心灵捕手》（*Good Will Hunting*）是一部令人印象深刻的电影，主角威尔（Will）原是一个数学天才，却选择在麻省理工学院（MIT）

的数学系当一个清洁工，因为小时候被父亲家暴的阴影，让他不管面对任何事，都直觉地认为会失败而不敢尝试。缺乏勇气与决心的他，甚至因为太习惯怀疑自己以及预想着失败，还会刻意地破坏任何可能成功的机会。这是多少人成长过程中的缩影，害怕导致的结果就是自我实现失败，特别是对年轻人来说，"勇于尝试"是你想从事斜杠工作的必要挑战。

另外，持续保持对大环境发展趋势的了解，选择对的方向比努力重要。在科技领域当中，有些生态圈已然成形，如果不是在其上发展，就要避开它另外发展。例如 Android 和 iOS 两大操作系统，脱离微软的生态圈发展，Facebook 和微信等社交软件也建构自己的支付生态圈。如今各行业都须借由科技增强生存能力，你必须要清楚大环境发展方向，5G、物联网、人工智能和工业 4.0 时代已来临，无论你是否为科技人，都必须对科技发展有基本的认识。

自我管理的能力

当你找到想尝试的方向后，下一步就是如何做到自我管理，自我管理包括：

1.目标管理

2.时间管理

3.健康管理（情绪和压力管理）

1. 目标管理

目标管理，首先要确认你想尝试的方向，有哪些具体可执行的小目标，试着把这些目标量化。例如，你想要尝试餐饮行业，那么你必须先将目标缩小，是想要开餐厅还是饮料店，内用还是外带，规模大小等，当大体确定后，接下来必须再往下细分，如何设计餐点、如何找店面、如何找工作伙伴、如何找资金，等等。

在科技或顾问业常用的方法，包括 MECE（Mutually Exclusive Collectively Exhaustive）或项目管理原则与技巧（WBS），WBS 即是 Work Breakdown Structure（工作分解结构）的缩写，有兴趣的读者可以 Google 搜寻一下网络上相关信息，相信会有很大收获。

2. 时间管理

时间是你人生的钱币，它是你唯一的钱币，只有你能决定怎么使用它，要小心，以免其他人替你使用。

——卡尔·桑德堡（美国诗人）

时间管理，并不是要你去控管时间，因为时间不受任何人控管。个人认为最重要的是"学习管理"和"任务管理"，任何事情在运用前述的方法细分出了"子工作"之后，如何像拼图般的完成，是一种需要学习的技巧。大家都有拼图的经验，要拼得比别人快，首先必须要有完整的拼图样貌，也就是事情的全貌（Whole Picture），然后，要很快找到具有关键特征的拼图，例如眼睛、颜色、边边角角特殊形状，等等，从那里着手，如此就会越拼越快。工作就像是拼图，方法比努力重要。

另外，在工作时，适时的限缩外界信息来源与干扰，可以提升工作效率。例如，关掉即时通讯软件、Facebook、电视、手机，让自己处于只专注在工作所需的环境下，保持专注才能有高产能。专注，是最有效运用时间以发挥最大效能的关键能力。

3. 健康管理

个人认为，情绪和压力管理是完成工作很重要的一环。在工作过程中，必定面临资源不足、经费不足、睡眠不足等问题，如何做取舍，如何纾压，如何管理工作伙伴和客户情绪，对于工作至为重要。找到适合自己的方式，无论运动、听音乐、冥想或读书等，只要能让你紧绷的身心得到适度的情绪转移，都是好方法。

分享一下个人爬山的经验吧。常看到许多新手爬山，拥有最新的登山装备，一开始就往山上冲，但爬到最后一段上坡就出现体力不济的现象；其实真正的老手，重视的是爬山的节奏而非速度，每一个步伐配合呼吸的调整。在工作的领域也如此，当你失去动力时，适度的休息调整，重新找到自己的工作节奏，这比努力更重要。

自我营销的能力

当你已经完成你的斜杠准备，接下来，如何自我营销的能力就至为重要。营销自己的第一步，你必须先肯定自己，如果连自己都自我否定了，老是觉得别人不可能接受我的想法，害怕别人提出尖锐的问题使我无法回答……这样种种的负面想法，在营销自己前就占据了你的脑海，那你就可能因此陷入自我应验预言的负向循环。

另外，营销的方式必须要保持几种特性：聚焦、容易了解、令人感兴趣，以及最重要的——诚信。这几年来，流行的"故事营销"就是一种很好的方式，但切勿一味地为故事营销牵强地编出无关的故事。在营销的过程中，你自己就是一个产品，大部分人会先相信你，再相信你的产品。详细的自我营销方法和工具，可以在本书的第九章"所需资源与相关平台的问题"中找到许多实用的答案和说明。

高手的提醒

人生是一场不断认识自我的过程，通过不断地尝试、挫折、失败和成功，个人的能力不断地被开发，对世界的认识也越多，勇敢去成就所渴望的事情，每个人都有超乎想象的潜能。

06
专业分工，所以优势决胜？

你应该先专注在自己的强项，强化自己的核心能力，
并通过专业的业务人员帮你销售，甚至是通过网络贩卖。

专注在你的强项，其他的交给专业的来

专业分工才是常态，你不可能什么都靠自己来。即便是当今大多数的成功企业，在产品的销售以及收费方面，多半不是靠自己做，而是销给销售渠道广的代理商，或者与中大型的平台业者合作。没有一家公司能够同时把所有事情都做到最好，因此，多数公司会专注在自己的核心竞争力上面，而把非擅长的领域外包，或者通过与其他公司的合作来达成。

你可以检视你个人或家里的各项物品，可能低于20%、甚至不到10%不是这些产品的制造商通过自有渠道来销售的，而是从大卖场、百货公司、超市、超商、在线购物网等这些地方买来的。这才是专业分工的原理，或者是经济学当中所谓的"比较利益法则"：把自己的时间用在相对具有竞争力的强项上，才能够发挥最大的效

益，产生最大的利益。

学校没有教人们销售技巧

我们从小到大所接受的学校教育，都没有教我们销售技巧，或者向别人收费的技巧，当然大多数人原本都没有这方面的能力，这也是常态。千万不要因为自己缺乏这些技巧而沮丧，使其成为自己的阻碍，在本书的其他许多篇章当中都会谈到，每一个成功的斜杠青年，多半都是从专注于本业以及发挥自己的核心能力为起点，在本业或者核心能力上受到了公司或者周遭亲朋好友的肯定之后，再转型成功的。因此，你应该先把自己所具有的才能尽可能地发挥，会有人自动帮你去销售（初期通常是你的亲朋好友），之后也会有合作机会自动找上门。

Facebook 是目前全世界获利最好的大型龙头企业之一，而公司的创始人马克·扎克伯格（Mark Zuckerberg），在哈佛大学就读期间，因为沉迷计算机而交不到女朋友，也就是人们眼中的"宅男"或"鲁蛇"（loser），就在学生宿舍创立了在线交友服务。后来公司成立后，就靠其他比较懂业务推广的共同创办者去拓展业务，并不是扎克伯格自己在推业务。

有好技术和产品，业务人才会主动投靠

事实上，多数成功的公司，其创始人都是拥有技术的专才，不

是业务的专才。例如台积电创始人张忠谋、宏碁创始人施振荣、华硕创始人施崇棠、广达创始人林百里、大立光创始人林耀英（现任执行长林恩平的父亲），这些人都是技术人才，不善于交际应酬，更没有业务专长，但是他们的公司后来都成为台湾市值前几位的公司。初期，他们都专注于技术研发，申请专利，靠好的技术和产品来吸引人，业务人才都会主动想要来投靠。

如果你看到现在许多大企业的总裁或首席执行官，不仅会技术同时也很会做生意，通常不是因为他们从小就会做生意，而是在事业奋斗的过程当中，慢慢累积起来的点点滴滴经验，成就了他们在商场中应对进退的能力。

更主流的现象是，最近二十年全世界已经走向"专业经理人"制度，也就是公司所有权人用高薪从外面请人来担任首席执行官，即所谓"经营权与所有权分离"的制度。如今，许多大型公司的首席执行官已经都不是原始的创始人了（科技业比较新，历史比较短，所以可能还是有一些创始人兼任现首席执行官，但科技业以外，多半都已经不是）。如果那些创始人年轻的时候都在钻研如何做业务，而不是花时间在核心技术的研发上，那么，今天可能就不会有这些成功的伟大企业。

核心竞争力是区分你与平庸者的关键

如果你还年轻，社会历练还不足，那么，我强烈建议你，将多数的时间投注在自我能力的提升，尤其是加强核心竞争力上，这会是你将来无论走斜杠路线，还是走专职路线，绝对会让你与平庸者区分出来的关键。而招揽业务的能力，向别人收费的技巧，并不是你初期所要担心的主要问题。

随着你的核心能力受到公司、客户或周遭亲朋好友的肯定，你再开始花一些时间学习营销与业务技巧也不迟。不过，从我周遭许多创业成功的实例来看，最好的做法是找具有业务能力的人合作，你把专业技术稳固好，让有业务能力的人来帮你销售，这是最好的搭配。

随着趋势潮流的改变，现在网络营销，在线购物，以及第三方支付的趋势已经逐渐成为主流，你甚至不需要找业务人才来帮你销售，就可以将好的产品或服务通过互联网，或者线上平台来卖。以安纳金为例，他之前的三本著作，都是在还没上市之前的一个月，就被预购四千册到八千册，他从来没有露脸，也没有直接向任何人兜售或收费，而是靠自己的核心能力（投资能力以及写作才华），在网络上吸引了喜欢他文章与书籍的读者，之后通过出版社，以及网络平台的收费机制来进行收费。

高手的提醒

先将自己的核心能力顾好，才是至关重要的，销售技巧以及收费方式并不是你初期所需要担心的。全世界的消费习惯已经逐渐从实体店面转为在线交易，而且新的平台还在快速兴起，你根本不用担心好的产品或服务会卖不出去。

2
CHAPTER

生涯发展篇

需要是发明之母（Necessity is the mother ofinvention.）

——w . 汉隆 w.hanlon

07
先定位自己，还是先盲从别人？

斜杠未必能够强求，当时机成熟的时候，斜杠往往会
自然成型。

每个人都有成为斜杠青年的特质

在讨论自己适不适合当个斜杠青年前，许多人都忽略了自己目前所扮演的多重身份或拥有的多重能力，这也是生命历程中，通过你的选择与努力得来的，例如你的家庭、工作或学历等。因此，斜杠的出发点就在于你的选择。

那么，接下来，应该如何做选择，就端看人生不同阶段的需要和个人兴趣了。"需要是发明之母（Necessity is the mother of invention.）"，人类创新的动力起源于个人需要。或许，中年有失业危机，你必须斜杠；或许，工作发展遇到瓶颈，你必须认真考虑斜杠；或许，你有深植心中的渴望想要实现，斜杠自然被启迪出来。例如，渴望当社工帮助弱势族群；或许，你有多年以来的兴趣想要更深入的发展，例如：摄影、写书、写诗，等等。因此，重点不在于适不

适合成为斜杠青年，而是你的渴望或需要被满足的时间点是否到达？

伸出触角，时机成熟，斜杠自然产生

我们这本书的几位作者一起，研究和观察了大量国内外许多成功的斜杠青年案例，发现这些人通常不是先有想要当一个斜杠青年的想法，然后才去寻求能够斜杠的发展通道的，相反地，他们多半是人生来到了多重角色的阶段（例如，为人母，或开始协助家业，或者小孩长大了想要创业），因而自然成就了他们斜杠的身份，或因为自己培养出了多元化的专长，由于亲朋好友的肯定，继而创造出更高的价值，因此产生新的收入来源。也就是说，斜杠未必能够强求，当时机成熟的时候，斜杠往往会自然成型。

因此，与其说不知道自己适不适合当个斜杠青年，不如先将心思好好地沉淀，检视自己的工作，了解自己的兴趣和专长，厘清对人生的渴望，从而找到自己的方向。

时间是不等人的，现在的环境比十年前更多元，社交媒体发达，社会对多职的接受度正慢慢提升，个人的能力和兴趣更有机会实现，勇敢踏出第一步，至于详细的资源和平台，例如工作中如何多职、如何找人咨询意见、相关可利用的平台和工具有哪些等这些问题，可参考第九章所需资源与相关平台的问题，相信会有很大的帮助。

保持敏锐，掌握机会

斜杠的本质并非是为了斜杠而斜杠，而是奠基未来的趋势，工作更加多元化、知识经济更发达、社群营销等相关科技不断推陈出新，让个人的能力和创意更有机会在最快的时间被看见。

古人十年磨一剑，没有十足把握可不敢随便亮剑，这种工匠般的态度立意虽好，但处在当今风驰电掣快转时代，却可能因为过度执着而丧失许多宝贵的机会，着人先鞭者虽然不保证可以成功，但错失时机的人保证是个失败者。

因此，建议一般上班族，除了专注在个人能力的开发与兴趣培养外，更要保持敏锐度，关注周遭的变化，以及未来社会的发展趋势，或许通过边工作、边学习和边观察，激发出你源源不断的创意和想法。

日本战后百废待兴，一般的国民买不起汽车，脚踏车就成了常用的代步工具，不过脚踏车的机动性不足，看到此问题的本田创始人本田宗一郎，就利用自己对发动机的研究，将脚踏车改装为具有动力的机器脚踏车，机器脚踏车很快就席卷了整个日本市场，也为日后本田成为全球最大的摩托车公司奠定了基础。

高手的提醒

认识自己是每个人一生的功课，时常反思自己：我能够做什么？我喜欢做什么？我愿意做什么？从你具备的能力、渴望发展的兴趣、生活的信念及对事物的价值观开始着手，斜杠是一个从内而外理解和探索的过程，清楚定位自己，远比盲从别人来得更重要。

08

兴趣发展为职业就不有趣了？

斜杠青年的核心在于多重专长，因而创造出多元价值
的人生，而是否创造多重收入并不是重点。

斜杠的重点在于活出多元人生

不少人担心，自己原本的兴趣，一旦转变成为职业，有收入上
的压力之后就会让兴趣变质，而不再像过去那般享受兴趣本身所带
来的快乐。我认为这是多虑的，因为斜杠青年的核心在于多重专长，
因而创造出多元价值的人生，而是否创造多重收入并不是重点。

有些人只依赖单一工作所带来的薪资收入，然而随着职场变迁，
会担心未来缺乏保障，也可能会因为收入水平过低而无法享受理想
中的生活，因此感到些许无奈，这样的人并不快乐；也有人因忙于
兼职，拥有多项收入来源，却疲于奔命，没有时间好好享受生活以
及与家人共享的乐趣，甚至牺牲了健康，这样的人也未必真正快乐。

我会建议你让自己的兴趣继续深入发展，但切记不要刻意施加
压力，热情一来就做多一点，深入前进多一点，亦可随兴暂且放手

悠闲自得,这就是一种自由,这也是多元人生的重要快乐来源之一。一个人的兴趣如果发展到某个程度,机缘来了,就会自然产生收入,但并不是要你刻意把兴趣拿去变现产生收入。你应该让兴趣持续并保持最有热情的状态,当遇到了可以变现的机缘时,顺从"心之所向"来决定要不要多这一份收入,因为人只有顺心的时候才最快乐。

人们喜欢分享,不喜欢兜售

许多人或许会质疑兴趣变职业后就不有趣,害怕一旦进入"兜售"的营销模式,会让自己的初衷变质,周遭的亲朋好友也因为你的收费,让彼此产生压力,而让关系质变了。

面对这个问题,最佳的解决方法在于"专注于你的热情"。唯有他人能够感受到你对这个领域的浓厚兴趣,周遭的亲朋好友都充分了解你的热情在哪里的时候,他们会愿意适时地参与你的发展,进而协助你——因为他们清楚你不是为了赚钱而投入这个领域,他们看中的是你用心竭力在真正热爱的事情上。

"专心致志于你的热情"就是把你的焦点放在兴趣本身,如果你把焦点放在收费或者获利上,那么他人可能就不会那么愿意主动帮助你。

强调你所创造的价值,而不是价钱

在 20 世纪初全世界最富有的人当属约翰·洛克菲勒(John

Davison Rockefeller, 1839 年 7 月 8 日~1937 年 5 月 23 日），他在 1914 年巅峰时的个人财富总值达到美国 GDP 的 2.4%，被视为西方世界史上首富。在写给儿子小约翰·洛克菲勒的信中，他强调："专注于你所提供的价值，而价格最后才谈。"也就是说，秉持真挚诚恳态度，尽可能把你所能够为他人创造的价值具体而热情地描述出来，当引起对方兴趣浓厚的注目，渴望取得这份具有高度价值的产品或服务之时，才谈钱。

这可以说是全世界最顶尖的商场巨人给我们最好的忠告了：全世界最会赚钱的人也不喜欢谈价钱，除非最后逼不得已。

因此，当你的兴趣持续发展到能够为他人创造价值的时候，自然会遇到有需求的人来拜访你，他该付出多少费用来获得你所提供的这些价值呢？你可以充分地表达你对这个领域的兴趣和热情，以及对未来前景的想法，最后再讨论价钱——因为先有高价值，才会有好价钱。

> ——黄一嘉这样说：
>
> 不论是否要把兴趣当职业，先问自己："我可以做什么事做得既开心又能长长久久？什么事情可以让我一直做都不会觉得累？"

一个人可以一直做某件事，不觉得疲惫也不觉得腻，那他就有可能在这件事情（工作）上找到突破的方向而不断进步。不论这件事是不是他本身的兴趣，至少会让他感受到热情、喜悦，并永不懈怠。

投资理财是每个人最值得培养的兴趣和专长

如果你认为自己目前的兴趣或技能，难以得到别人的认同而主动付费，那么不要急，慢慢来，让兴趣继续随着时间发展，你只需持续不断地投入你的热情，最后也终究会结出好的果实——就算没有变现，这些浓厚的兴趣本身就已经丰富了你的人生，一个快乐的人生是无价的。

很建议每一个人都培养自己的兴趣以及第二专长，其实这就是投资理财，为什么呢？因为投资理财是可以不求他人，靠自己投入时间与认真研究，从小额的本金慢慢累积成较大资产的。

这里所谓的投资理财并不是指听消息、追明牌、追飙股，而是学会人生理财的基本原则，包括复利效果、资产配置以及以钱赚钱的正确观念。事实上，本书的三位作者，除了本业以及兴趣嗜好以外，同时也都是投资理财领域的高手，而且懂得在年轻的时候就培养正确的理财观念，因而能在四十多岁的年纪就比绝大多数人更早达成财富自由。

有关投资理财的正确观念，我很推荐以下的这几本书，大部分是名著，也有中译版，前面几本浅显易懂，后面几本比较深，需要一定基础才看得懂。建议先在书店初步看过内容，确定符合自己的阅读水平，再买回家好好研读。

1.《财富自由之路》李笑来著（电子工业出版社出版，2017/10）

2.《漫步华尔街》伯顿·G.马尔基尔著（机械工业出版社出版，

2017/12）

3.《原则》瑞·达利欧著（中信出版社出版，2018/01）

4.《投资最重要的事》霍华德·马克斯著（中信出版社出版，2015/09）

5.《有效资产管理》威廉·J.伯恩斯坦著（机械工业出版社出版，2013/02）

高手的提醒

能够对兴趣一直保有热情，是人生一大乐事。你没必要为了成为斜杠青年而扭曲了自己的兴趣，让它变质，遵从本心，才是快乐人生的最好指引。

09
认知升级：从0到1，从1到1+？

人生无法事先预测，但信念可以先准备。斜杠是一种
选择，不当斜杠也是一种选择，如果你人生有许多渴望，
同时也拥有创新的想法和才华，但却被自己的负面思考限
制住，那才是人生中最可惜的事情。

并非每个人都需要当斜杠青年

斜杠是一种选择，不当斜杠也是一种选择，没有对错和优劣，
有人一辈子只专注一份工作，也可以没有遗憾并感到满足。事实上，
人的一生都被赋予了多种角色的转换，子女／父母亲／学生／上班
族，在人生的舞台上，扮演好社会和家庭所赋予的角色，人生也可
以很圆满。

但如同本书第五个问题所提到的，若想成为斜杠青年，必须具
备勇于尝试与适应环境的能力，如果你有许多人生渴望，同时也拥
有创新的想法和才华，但却被自己的负面思考限制住，那才是人生
中最可惜的事情。

人生无法事先预测，但信念可以先准备

关于志向这件事，我很喜欢电影《阿甘正传》（*Forrest Gump*）中，阿甘的母亲所说的一句话："人生有如一盒巧克力，你永远不知道下一个尝到的是哪种口味（Life was like a box of chocolates. You never know what you're gonna get.）"。你的志向无法决定你成为什么样的人，因为世界变化无常，每个人机遇不同，但你的信念和善念，可以决定你是什么人，正如安纳金引述目前世界首富——亚马逊创始人贝佐斯（Jeff Bezos）所说的："聪明是一种天赋，而善良是一种选择（Cleverness is a gift, kindness is a choice.）"。

奥普拉（Oprah Winfrey）是一位我非常喜欢并尊敬的人，她称得上是一个十足的斜杠青年，身份包括：电台主持人、脱口秀主持人、作家、慈善家、演说家、企业家、女权运动家，在美国的影响力一度超越了当时的总统。

她童年有过十分悲惨的遭遇，曾被亲友性侵，但她不向命运低头，从电台主持人逐渐跨越到脱口秀主持人，秉持感恩所有一切的信念，坦然地面对自己的人生，无惧无悔，成就了今天的她。正如她在《我坚信》一书中所说的："人生所有精彩都建立在对每个呼吸的真诚以待！"

人生中没有一件事情是完全没有用的

乔布斯很著名的一段话："你无法预先把现在所发生的点点滴滴串联起来，只有在未来回顾时，你才会明白这些点点滴滴是如何串联在一起的。（You can't connect the dots looking forward; you can only connect them looking backwards.）"

乔布斯在大学时代休学去学习英文书法课程（caligraphy instruction），接触了各种美丽的字形，正因为这一段际遇，也就有了麦金塔计算机上许多令人喜爱的字体，这也间接促成了麦金塔计算机早期空前的成功。过去发生的每个点在未来都可以连成一条线，只是，你无法预知未来是如何把它们串起来的，但是无妨，因为时候到了你自然明白。

多元思考，保持创造力

现在科技更进步，信息更透明，社会接受新产品的能力更强，产品更替速度也比以前更快，过去的产品准备好再推出的思维就必须要调整了。产品的接受度，在概念或产品规划期或产品原型（prototype）阶段就可以在许多众筹平台和社交媒体被验证，并不需等待最终市场的验证。

在志向未定前，你更需要开放心胸，保持多元思考，过度坚持自己单一的想法无法在多变环境下生存，你必须要把时间成本考虑进去，在概念形成期就开始和市场对话，无论是与产业专业人士还是根据市场平台初步验证，用最少的成本（包括时间和人力）去贴近市场，相信你可以在众多创新和兴趣中，找到适合你的斜杠定位。

高手的提醒

在未来十年内，几乎可以确定的是，有许多工作将会减少，例如收银员和司机，在新科技发展下，没有人可以置身事外。保持足够的敏锐度，了解科技将改变社会的哪些层面，同时探索内在渴望，激发自己无限的潜能，在斜杠多职的浪潮下，你才能不被淹没。

10

工作、家庭、兴趣……如何兼顾？

时间根本就无法被任何人管理，你要管好的是自己。

时间不受管理，你要管好自己

我很赞同李笑来在《把时间当朋友》《财富自由之路》这两本书中所谈的观念："时间根本就无法被任何人管理，你要管好的是自己"。作者李笑来是国内知名 App"得到"的专栏作者，拥有十七万的付费订阅用户，是全中国最活跃的网络红人之一，也是天使投资人、中国比特币首富、原新东方英语教学名师，他是会计出身，做过计算机程序设计达人，如今跨界之广，算是斜杠青年的最佳典范之一。

时间总是自顾自地往前、不停地流逝，任何人都无法去管理，唯有管理好自己才是第一要务。举例来说，就算你有计划地要去做任何一件事，如果遇到生病，或者发生意外而行动受阻，那么那几天你根本什么事情都不能做，那几天根本就无法管理。

人生当中有太多意外，有太多无法抗拒的外在因素绊住你的人生，让你短暂不能自主，你只能眼睁睁地看着时间流逝，什么也做不了，我们只能通过"自我管理"来"善用时间"。包括养成自我养生保健的好习惯来减少病痛或健康亮红灯的发生概率，通过少开快车来避免意外的发生，通过良好的人际关系来减少心情低潮的机会。这不仅可以减少人生的虚耗与失控，而且好的养生保健习惯、意外发生的减少、良好的人际关系还会延长你的寿命，如此从整整一生来看，你的可用时间是比其他人更长更多的！

香港首富李嘉诚先生，台湾富豪郭台铭先生的时间和我们一样多吗？许多人会觉得是一样多，每天都是二十四小时，时间滴答流逝的速度是一样的，但请别忘了，他们都注重养生保健、避免意外发生、拥有良好的人际关系，这使得他们"失控"的时间少，职场寿命更长，总的来说，他们可以运用的时间比一般人多。

健康的身体与心理同时也是个人财务管理上的一个重要基础。根据统计，在美国的民众破产案例当中，四成以上都是因为生病导致的破产主因，甚至有 46% 的美国人付不出四百美元的急诊费用。因此，在平时就注意养生保健，维持良好的人际关系，将是达到财务自由的最基本要件，否则就算你赚到钱，却要常常跑医院，或者因为病痛而无法开心地休闲旅游，那也不算真正自由。

家庭、本业、副业的取舍

《人生遥控器》（Click）是 2006 年的一部卖座电影，除了剧情有趣之外，其警世意味也相当浓厚。故事叙述一位年轻建筑师希望通过努力工作，成为公司的合伙人，他认为这样才能有更多钱与更多时间陪自己的太太和两个小孩，结果因为打拼工作，他错过了许多人生中觉得无趣的时段，而不断"快转"，最后要病死前，才发觉自己因为疏于陪伴家人而妻离子散，在临终前说了一句："Family First！（家庭第一）"的故事。

家人与家庭生活，永远是你的生活重心，甚至是第一要务，如果你的天平当中少了这一端，到人生的晚期，你终究会后悔——无论人生如何辉煌，最终没有家人陪你共享，都是空虚而落寞的——这就是血缘关系，它无法由旁人取代，而当明白这道理时，多数人才忽觉为时已晚。

职业生涯发展，往往不是单选题

本业与副业之间如何兼顾？不用想，当然是本业为重，因为那是你职业生涯的"本"！但是在职业生涯发展上，往往不是二择一的单选题，而是复选题。你听过"一本万利"吗？我所见到大多数的成功斜杠人士，都是因为本业做得非常出色，受到周遭人的肯定，进而因为周遭人的需要而发展出更多的服务项目或其他周边产品，因此扩大了原本的本职范围。

如果你担心时间不够用，或者自我时间管理能力不佳，以至于不敢跨出成为斜杠青年的第一步，那么最好是调整自己的心态："花若盛开，蝴蝶自来；人若精彩，天自安排。"只要你的本业表现够好，客户信任你、依赖你，自然而然会有更多的机会主动找上你，你根本不用担心跨出第一步的问题。

——江湖人称 S 姐这样说：

精力管理大于时间管理，人生规划大于斜杠规划。即使你不会排序，吃喝拉撒睡通勤也会占去很大一部分时间。如果你的目标还没设立，要斜杠什么你还不知道，这完全不是时间问题。只要你做了就知道怎么排序跟调整了。

高手的提醒

上天没有限制任何人，通常是人们的心态限制了自己。抛弃"我的时间管理能力不够好"这种画地自限的思维，专注于把自己的职位努力做到最好，那么更多机会都是随之而来的。

3

CHAPTER

市场环境篇

跟别人学，学方法智慧；

跟过去学，学经验法则；

跟市场学，学借力行力。

11
未来社会的发展趋势如何？

保持对科技趋势和世界总体经济发展的关注，分析影响生活和工作的层面，并评估自己在未来趋势的浪潮下，是否会被取代。

从新科技发展趋势着手

根据过去两百多年来的社会发展历程，我们可以发现，每一次职业生涯发展过程中的重大变革，都是由技术的创新（或者说科技的创新）所带动的，因此，透过了解新科技的发展趋势，将有助于我们掌握未来可能的职场发展变化。有关未来的科技发展趋势，建议可以参考克劳斯·施瓦布（Klaus Schwab）的著作《第四次工业革命》，将四次工业革命做了很清楚的说明。

第一次工业革命（1760 年—1840 年）：发动机推动了工业生产。

第二次工业革命（1870 年—1914 年）：电力和生产线的出现，规模化生产应运而生。

第三次工业革命（1960 年—现在）：通常被称为计算机革命、

数字革命，催生这场革命的是半导体技术、大型计算机（20世纪60年代）、个人计算机（20世纪70、80年代）和网络（20世纪90年代）的发展。

第四次工业革命：绝不仅限于智能互联的机器和系统，其内涵更为广泛。

当前，从基因定序到纳米技术，从可再生能源到量子计算，各领域的技术突破风起云涌。由这些技术彼此间的交织融合，产业应用范围横跨物理、数字和生物几大领域的互动，昭然可见第四次工业革命与前几次革命有着本质上的不同。目前所说的工业4.0，主要是用来提升制造业的计算机化、数字化和智能型化，涵盖范围也只属第四次工业革命其中一环。

在科技浪潮下，如何洞悉未来社会职业生涯发展趋势呢？首先，我们可以利用删除法，例如，物联网的发展趋势之下，未来结账可以无人化，因此收银员会消失；人工智能愈进步，客服专员可以被语音机器人取代；随着机器人的优化，工厂作业员需求将逐渐减少。可以预见有些工作正在消失，或减少其重要性，由于知识的取得和人工智能的发展，有些产业趋势专家甚至预言会计师、医师等专业性工作的部分功能也可能被取代，更何况其他非专业性又重复性的工作。

因此，未来社会职业生涯发展的趋势，必须是跨领域整合、不断创新和适应新科技的能力，这些特质正是斜杠的重要精神，这股斜杠的风潮正从引领全球科技的主要国家与大城市开始，逐步散播到全世界各个角落。

——邱沁宜这样说：

没有人可准确预测未来趋势，以前读核工是热门行业，现在是废核趋势。我们能做的是寻找自己的不可替代性，找出自己的擅长之处，发展多样性的才能。例如爱交朋友的你，可以选择从事业务工作，顺便去考导游执照，或学个第二外国语。

从社会经济总体面趋势着手

科技、人口、能源、粮食和世界主要经济体经贸相关政策的变化，大约每十年会对社会经济造成相当程度的改变，因此应提早洞悉先机，快速掌握市场脉动，创新改变，以抢得先机。目前可以看到，许多问题一定会在接下来十年内发生，同时也代表有许多商机会应运而出，这些问题包括：

1. 人口老化：趋势已经基本形成，因此，老年照护、乐龄学习和退休理财等需求，正逐渐成为需求。

2. 石油开采成本提高：电动车和替代能源发展正如火如荼地进展，因此，智能能源管理系统、电池交换和储存、家庭太阳能自主发电系统、电力共享等商机也亟须被满足。

3. 人口都市化集中：趋势已经正在发生，这也带动宅配经济、共乘经济、二手交流经济、交友等商机。

4. 粮食短缺和食品安全问题：全球暖化，可耕作面积的减少和人们对基因改造方式的疑虑，粮食问题肯定也是未来一项迫切的问题，因此，人造肉、室内栽种蔬菜、产品认证等商机也需要被满足。

高手的提醒

保持对科技趋势和世界总体经济发展的关注，先分析哪些会影响生活和工作层面，并评估自己在未来趋势的浪潮下，是否会被取代，还是可以找到浪头，借势乘浪前行的。商机就在浪起浪落中被发现，端看个人是否掌握到浪的节奏和乘浪而起的能力。

12
你的成长路线是否正确?

人生没有对错,只有取舍。因此除了你自己外,没有人可以替你定义你的人生对错。

没有对或不对,只有适不适合

除了你自己可以定义之外,没有任何其他人可以为你定义你的人生对还是不对。因为人生没有所谓对错,只有取舍罢了。会对于"自己选择的斜杠路线是不是对的"感到疑惑,多半是因为以世俗角度对成功与否所做的判断,而世俗角度不外乎着眼功成名就(名)或者财富收入(利)。

名与利并无对错之分,而且当人们在努力奋斗追逐名利的过程当中,往往会创造出最大的价值(例如,创办大事业、做大事、赚大钱、做慈善、为国争光,等等,都会创造金钱价值或者社会价值),然而,细观又可发觉,当今社会中的许多受到人们喜爱或推崇的成功人士,并不全然是以追逐名利为目标的。

《你要如何衡量你的人生?》这本书的作者克莱顿·克里斯坦

森（Clayton Christensen）是哈佛商学院教授，曾经五度荣获"麦肯锡最佳论文奖"，2011 年被 Thinkers50 选为"当代五十名最具影响力的商业思想家"之一。他于 2012 年发表 TED 演说"你要如何衡量你的人生？"影片被翻译为多种语言，在全世界累计获得数百万的点阅次数。他认为，应以一生当中可以帮助多少人，来作为衡量一个人的人生成功与否的标准。

帮助别人的同时，必定会创造价值

并不是说你一定要牺牲自己的时间和精力去帮助别人，而且不求任何回报，才叫作成功的人生。事实上，当你在帮助别人的同时，无论是帮忙做一件事情，还是帮忙一件物品的完成，一定同时产生了价值，至于是否将这些价值变现来为你的付出做收费，是你个人的取舍。

要如何创造出人生的最大价值呢？已故的苹果创始人乔布斯（Steve Jobs），2011 年在斯坦福大学毕业典礼上，对毕业生的演说到："唯一的让人真正满足的是做你认为是卓越的工作，而做卓越工作的唯一方法是喜爱你所做的事。如果你还未找到，继续找，不要妥协。"这段话就是在告诉年轻人，人生要圆满，快乐和热情是很重要的因子，要在职场上发展，无论是专职还是斜杠，你都必须听从自己内心的声音，如果它使你满怀憧憬、充满热情，那就是对的方向。

高手的提醒

追寻"心之所向"是你成为斜杠青年最根本也是最重要的评判标准。不要让别人来评断你的选择，只有你知道如何衡量自己的人生。热情是追求卓越的最重要元素，如果你对一个领域充满了热情，那就勇敢地拥抱你的热情，花时间投入，而初期是否创造收入并不是关键。

13
快思慢想，市场已经高度饱和？

如果有此疑问，表示已有具体想法或初步产品，接下来需要思考的是市场定位，找出真正的营销战场。

产品定位比市场饱和更重要

如果你有这个疑问，代表你已经有了具体的想法或初步的产品，接下来就是考虑产品在市场的定位。美国营销大师阿尔·里斯（Al Ries）与杰克·特劳特（Jack Trout）指出，真正的营销战场，不是陈列商品的地方，而是在消费者的心。如果把消费者的心看成一座山，不同品牌在消费者心中的地位可以概略分成四种高度，分别是市场的领导者、挑战者、跟随者、补缺者。

1. 领导者
这是已经成功的产品需要考虑的，在斜杠的开始阶段不须考虑。

2. 挑战者

对斜杠来说，面临一个具有挑战的市场，产品定位需要更精准，同时耗费更多时间去建立品牌价值。例如，饮料市场是一个过度竞争的市场，通过有机成分和产地限定也可以创造不同商机，但需要花时间争取客户认同。

3. 跟随者

这是斜杠青年适合发展的地方，在逐渐成长的市场上，通过创新产品创造自己的优势。例如，在线学习是一个逐渐成长的市场，若能通过以游戏化的 App 或网站方式吸引学生，同时累积点数、换奖励或费用减免等方式鼓励学习，就可能掳获不少这方面使用者的心。

4. 补缺者

这也是斜杠青年适合发展的地方，不跟现有的市场正面对战，寻找到竞争少的小众市场也同样可行。例如，因老年化来临，可运用更多新科技，提早布局乐龄才艺学习和理财市场。

快思慢想，提升对市场的洞察力

洞察力，顾名思义就是看清事物的本质的能力。《思考，快与慢》是我很喜欢的一本书，作者丹尼尔·卡内曼（Daniel Kahneman）将人的思考分为两个系统：系统一代表反射性的直觉思考，系统二代表按部就班分析的理性思考。深度的思考对培养洞察力至为重要，但有时过度分析和思考，往往容易陷入见树不见林的思考盲点，只有在系统一和系统二的协调运作下，才能对事物的本质了解更清楚。人们常说，"见山是山，见山不是山，见山还是山"也是相同意思。

麦当劳是卖什么的？表面上看似食品业（一般人直觉思考下的答案），但其运营宗旨是速度和服务（按部就班分析与理性思考下的答案），然而，事实上麦当劳有五成营收来自房地产收入（这需具有各种信息整合判断的洞察力）。一般人透过产品思维可以了解市场定位，但具有洞察力的人可以综合公司财报和加盟策略，来看清楚公司真正的商业本质以及获利模式。

刻意练习

敏锐的洞察力，可以通过刻意练习来培养。《刻意练习》这本书，特别强调了练习的质比量更重要，一万个小时的练习并非是成功的必要条件，例如，该书中提到西洋棋高手的脑中往往已经存在许多棋谱，并内化为自己的下棋模式，可以很快看出后几手的棋路要如何下。因此，在大量练习前，必须先找出一个可以有正向回馈的模式，透过刻意的练习精进，才不至于犯不断反复的错误。

如果你想要分析判断某一个领域或市场当中，是否有自己可以发挥的空间（或者已经饱和不适合再跨入）？你可以依照下列步骤先建立一个模式，去找出可行的能力有哪些，再进一步深度学习：

步骤一：写下想法，有哪些工作是我渴望去做，同时市场也存在发挥空间的？

步骤二：有哪些技能是你原本已经学会的？哪些技能是必须另外学习的？

步骤三：将渴望的工作和技能之间的关系联结，试着找出一个模式，刻意练习。

高手的提醒

人类的需求没有被满足的一天，这表示还有着无穷的机会有待启发。有了构想和产品后，你需要的是更清楚了解目标市场的本质和产品的定位；通过快思慢想，你可以培养洞察力，更清楚目标市场的本质；通过刻意练习，你可以深化加强你的斜杠能力，更符合市场所需。

14

机会留给有准备还是有竞争力的人？

发展最好的人，通常是在趋势萌芽期，在领头羊开出
一条路后，最先找到市场定位的人。依目前环境看，斜杠
风潮正处于最佳发展时机。

提早上位，先占优势

不少人担心趋势还未成形，过早投入斜杠风潮，可能会事倍功半。
事实上，从过去各种趋势发展的历史来看，在市场观念萌芽期最早
投入的人，往往能引领风潮，但可能因市场未成熟，无法持续发展；
而最晚投入的人，可能已经错失市场蓬勃发展成长的契机，只能在
红海夹缝中求生存；而发展最好的人，通常是在领头羊开出一条路后，
最先找到市场定位的人。不过，依目前环境看，斜杠风潮正处于最
佳发展时机。

毋庸置疑，20世纪90年代互联网的兴起，带动了许多网络公
司的崛起，有许多网络公司在一夕之间蓬勃发展，如雨后春笋般涌
入，以为网络可以马上带来可观的营收，而过度追逐股价膨胀的结

果，就导致了 2000 年的网络泡沫。但有核心竞争力并稳健发展优势的企业生存下来了，坐拥整个市场，Google 盘踞了搜索引擎市场，PayPal、Amazon 引领了电子商务的风潮。

斜杠的趋势正进入如火如荼的发展期

斜杠青年（Slash）这个名词，最先是出现在 2007 年由《纽约时报》专栏作家玛希·埃尔博尔（Marci Alboher）撰写的《不能只打一份工》书中，我们可以说斜杠青年的趋势发展至今已经超过十年。然而事实上，斜杠多元人生的发展应该更早于此，"自由职业者"（Freelancer）就是类似斜杠的概念，差别在于斜杠通常有一份正职工作，再加上其他的收入来源，而自由职业者就是"自雇者"，不受雇于单一公司之下；不过，有些斜杠青年也未必受雇于一家公司，因此这两者的界线已经愈来愈模糊了。

近年来，可以看到斜杠逐渐蓬勃发展的趋势。例如，社群形态网络平台的发展，奠定了自媒体的基础，慢慢地通过和粉丝的互动，找到彼此认同的价值，逐步迈向知识付费的时代。而过去一年来，已经有越来越多和斜杠相关的书籍、课程、研讨会推出，这意味着，目前正处于一个斜杠趋势潮流加速拓展的阶段，想要站在趋势的前端，就得加紧脚步，积极接触这方面的信息。

机会是留给有竞争力的人

斜杠的精神并不只局限在找第二份工作，而是扩展你的知识和专业，可以在本业以外获取认同，并产生价值，活出多元人生。有些人，如果纯粹只是因为不满公司现状或薪水太低，以为多职就可以翻转人生，为了斜杠而斜杠，那么在这股斜杠的浪潮下，恐怕会自食废然而返的结果。

重点在于，你是否已经建立了你的斜杠"核心竞争力"，你的核心竞争力在市场上是否引起足够认同度。如果没有，就不应该为了斜杠而离开原本的工作。如果你本身是缺乏竞争力的人，任职于一个企业体系下，基于公司和公司之间的业务往来关系，即便你个人缺乏竞争力，公司与其他上下游供货商间互惠往来也可以让你有事情做，有存在价值，一旦你离开公司后，可能会没有人要和你合作（抱歉这些话很残酷，但却又如此真实地反映了，为什么有些人表现平庸却仍可以留在职场上有工作可以维生）。

高手的提醒

永远不要等别人来安排你的人生，更不要驻足等待趋势已成熟才来决定投入斜杠人生。真正认识斜杠精神，了解人生的多元发展，特别是身处自媒体和网络营销多元发展的时代，知识有价，专业服务多元发展，商机已是无所不在，就看你是否准备好去迎接，能限制你的只有你自己。

15
有没有成功的典范可以借鉴?

几乎每一位成功的创业家都会告诉你,有成功典范可以参考固然很好,但是没有成功典范更好。如果你确认了斜杠可以更接近你的理想生活,那么就拥抱你的热情去尝试、去发展吧。

斜杠无所不在,只要用心寻找

尽管斜杠青年这个名词对许多人来说仍相对陌生,然而事实上,已经有许多成功的斜杠青年在各个领域都发展得相当好,只是因为你还没有仔细去了解这些人所扮演的多重角色,没有意识到他们就是斜杠青年。

另外,倘若还在"青年"这个阶段,往往知名度还没有大到众所周知,通常我们知道的知名人士已经不是青年,因此我们可以称之为成功的"斜杠人士"。许多的创业家或老板都是扮演多重角色的斜杠人士,他们一方面是自己公司的负责人,同时也会参与相关的协会或团体。例如担任所属同业公会的理监事,民间社团的干部,或者担任地区的领事会长。如果他所经营的公司规模够大，也可能会转投资其他公司，担任其他公司的董监事。

有成功典范很好，没有典范更好

几乎每一位成功的创业家都会告诉你，有成功典范可以参考固然很好（你可以避免走很多冤枉路），但是没有成功典范更好，为什么呢？因为如果在你想要发展的领域已经有知名的成功典范，那么全世界所有人都会参考他的发展路径、学习他的经验，那么你面对的竞争者就太多了，你就必须和全世界这么多的"成功者的追随者"相互竞争，同时，你复制别人模式而来的，往往会被认为了无新意，唯有属于原创的事物会被视为珍宝。

《从0到1》这本书，源于作者彼得·蒂尔（Peter Thiel）在2012年斯坦福大学（Stanford University）开设的创业课程。作者是网络交易支付公司 PayPal 和软件公司 Palantir 的联合创始人，也担任过 Facebook 和太空运输公司 SpaceX 等数百家新创企业的早期投资者，并且担任过 Facebook 的董事。

彼得·蒂尔认为，复制别人的模式比创新事物容易得多，做大家都知道怎么做的事，提供更多熟悉的东西，这是由1复制成n，大家都会复制，能再创造的价值非常少（我的补充：这种复制的动作将来几乎完全可以被机器人所取代）；相反地，创新则是由0到1，是独一无二的，创新所创造出来的价值远远超过那些复制得来的价值。

因此，在你感兴趣的领域，如果目前尚且没有成功的典范可以复制参考的经验，能奋身独步这个领域，那获取非常高额的利润将指日可待。在商业领域以及经济学领域，有所谓的独占、寡占、独占性竞争、完全竞争等概念；独占和寡占者的利润会是完全竞争行业当中参与者的数百倍甚至上千上万倍之多。

活出你精彩而亮丽的人生

姑且不谈利润，就人生的发展而言，"一份固定收入的正职工作"是帮助一个社会新鲜人快速融入职场，获取待人处事经验的一条快捷的方式。因此，我非常鼓励刚毕业的社会新鲜人，从找到一份好的工作，进入一家好的公司，一个能够让自己充分发挥与历练的环境作为职业生涯发展的起步，而不会建议年轻人刚踏入职场就以斜杠方式开始。

但经过五年、十年的历练之后，在正职工作上已经有一定的经验，通常，这一份工作对你人生的边际效益已经大幅递减，对很多人来说，真的只是为了一份薪水罢了，这时候你可能会考虑转职，那么，这时就是你发展斜杠人生的好时机。因为当你会想要转职的时候，往往是在现职上已经遇到瓶颈，或者不如意，想要换个环境改变自己的时候。

在你考虑转换跑道的时候，往往也是自我检讨，自我评估能力与专长，考虑兴趣嗜好与重新检视人生理想与未来的最佳时机；在这个时候，除了一份新的正职工作之外，你也可以一并想想有没有和正职不相冲突、甚至相辅相成的第二专长，可以发展为未来的斜杠。人生不能重来，建议你在每一次职业生涯发展的重要转折点上，好好地检视自己真正想要的人生是怎么样的？发展斜杠是否可以帮助你实现更好的人生。

高手的提醒

如果你确认了斜杠可以更接近你的理想生活，那么就拥抱你的热情去尝试，去发展吧。不要在乎有没有其他成功者可以给你模仿或者复制经验，因为你就是你，没有人可以成为你。

16

职场赢家必备哪三种习惯?

任何的主动学习都会有助于你,关键不在于你通过这些学习到底学到多少,而在于你拥有不断让自己向上提升的内在动力。

具备职场赢家的三种习惯

在本书的第二个问题"你的很稳定,正在淘汰你?"里,有提到学习能力强而成长速度快的人,往往有常与他人沟通互动、大量地阅读、自主性学习的习惯,这样的人总是能够适应环境的变化,在将来职场发生变革时,被革掉的通常不会是这些人,同时这样的人也往往是职场中高薪的一群,赢家圈的一员。本题将针对以上三种赢家习惯,更进一步地探讨,同时提供具体的实用工具给读者们参考。

在开始导入议题之前,我必须先强调,这三种能力可以确保你现在与未来都能够赶得上大环境的变化。

习惯 1　常与他人沟通互动的习惯

有两大好处，首先通过频繁的交流与互动，有摩擦，有碰撞，才会得到更多来自他人的回馈，而有检视自己缺点与盲点的机会。盲点是自己看不见，但他人看得见的部分，必须别人跟你说，才能得以发现，并改正缺点，进而让自己变得更好。许多人少了这些人际间的互动关系，而活在自己的世界里便很难发现。其次，通过与具有经验的人互动，你可以借此学习到他人的优点与经验，或者针对自己不熟悉的事物，经由请教他人来达到缩短摸索时间，快速成长的好处。想要跟上大环境的变化，那么大量的与不同领域的人沟通请教，绝对是一条省时省力的快捷方式！

习惯 2　大量阅读的习惯

所有知名成功人士都有大量与广泛阅读的习惯，阅读可以让人静心让人思考，并且增广知识，掌握世界的趋势和潮流。也可以反过来说，某些人因为大量阅读而拥有更多的竞争优势成为成功者。

习惯 3　自主性学习的习惯

包括报名各种训练课程、学习外语、报考证照、培养第二专长，等等，这些事情除了可以增加知识与能力以外，更重要的是，让自己保持在"持续向上"的轨道上，那种不断想要自我提升的心态和习惯才是最重要的。职场上，受雇主欢迎的，未必一定是能力最强的人，而好态度的人绝对更占优势。

此外，你必须深信你付出的所有努力都会不断累积，成为你未来成功的基石。基本上，你只要有这样的信念，就赢过许多不求上进的人了。

如何强化与人沟通的能力

在前述的三种赢家的常见习惯当中，与人沟通互动的能力可以说是最关键的，甚至可以视为每一位职场成功者的核心能力之一。沟通能力不仅被大多数企业视为聘雇员工的关键能力之一，也是市面上多数职场相关教育训练课程与书籍讲授的主题。

我很庆幸，在自己十八岁的时候就发现了一本非常好的书，《卡内基沟通与人际关系：如何赢取友谊与影响他人》（*How to Win Friends and Influence People*），作者为戴尔·卡内基（Dale Carnegie），该书已经在全球热销超过三千万册，并以三十八种文字出版。

该书开头的"原则一：不批评、不责备、不抱怨。"是我个人二十多年来奉为圭臬的基本信条，在将近二十年的职场生涯当中，这个原则让我受益匪浅。如果你缺乏有效沟通与人际关系这方面的知识或训练，我强烈建议你看看这本书，并且将这些原则实践在日常生活中。

高手的提醒

任何的主动学习都会有助于你，关键不在于你通过这些学习到底学到多少，而在于你拥有不断让自己向上提升的内在动力。拥有不断自我成长动机，态度积极正面的人，是绝不会被未来世界变化给淘汰的。

——江湖人称 S 姐这样说：

跟别人学，学方法智慧。

跟过去学，学经验法则。

跟市场学，学借力打力。

17
知识付费如何能精准变现？

个人品牌的知名度将是能否收得到钱的关键。

知识付费风潮已成形

知识经济的时代已经来临，这代表着知识是有价值的这一观念已经深烙在某一群正享受知识带来服务的人心中。各类知识付费分享平台，在今年如雨后春笋般地出现。为何掀起如此风潮呢？难道过去只单靠独门绝招闯荡江湖的时代已经退出流行了？在快速变化的年代，妄自以为不外传的独门秘技，或许会一夕情况骤变，翻转而成普通招式。不须怀疑，今天与时俱进和创新的能力，在知识经济时代已显得格外重要。

举例来说，在网络刚兴起的年代，你只要会架设网站和设计网页，就可能是当红的科技人，但随着知识分享平台的发达，当时独步一时的盛况已不复见，随着时间的推移，市场转而更需要的是具备网络营销能力和社群经营能力的人。换句话说，独门绝技在跨入知识分享的时代后，保鲜期很快缩短，如何能够快速获取知识，在市场上抢得先机，或在工作上出类拔萃，就是一个逐渐被认同而且正在蓬勃发展的趋势。

进入知识经济时代后，人们为了获得知识而付费，俨然已逐渐成为常态。例如许多满腹经纶与才华横溢的人，借由网络媒体和平台，让有需要的人付费来购买这些知识内容或者个人技能上的干货经验，这样的平台有很多，包括：微信公众号、新浪微博、新浪博客、百度云端、网易云课堂、喜马拉雅FM、在行、知乎、得到、豆瓣、简书、荔枝微课、分答……

——MissAnita 御姊爱这样说：

过往的商业模式是"甲方有产品，A 向甲方买"。但现今的商业思维则是"甲方有产品，但想想，只能卖给 A 实在太少了，于是干脆让产品先免费，结果 ABCDEFG 都来买产品了，人一多，甲方红了（市占做大），其他拥有资金的乙方也来合作了，事业越做越大。此时，甲方再开设一些服务升级的 VIP 方案，把原本习惯服务的免费客户变成付费 VIP 客户。"

人脉就是钱脉，有粉丝就能变现

个人品牌的知名度将是能否收得到钱的关键。股神巴菲特被全世界看重的程度当然远远大于一般的分析师或经理人。2017 年"与巴菲特共进午餐慈善竞标"最后得标价将近二百七十万美元，或许你觉得这个数字太夸张，但毋庸置疑，巴菲特的粉丝遍布全世界达数百万人，印证出粉丝人数越多，变现金额越高的道理。

在个人品牌经营上，最需要的是独特性或个人特色，有两种常见的做法：

1. 拥有单项特别突出的特质，深耕发展

以金融投资这个领域为例，作者安纳金的强项在于独特的"投资心法"，是一般财经博主较少谈及的层面，他也因此成为想要通过学习心法提升自己绩效的投资者所认定的首要考虑人选。

贾乞败号称"百亿私募基金操盘手"，是台湾少数拥有百亿元等级的私募基金操盘经验的人，在期货的交易风险管控领域被视为先驱，很早就享有盛名，历久不衰。

"大佛"李其展，则拥有外汇交易市场法人圈的多年经验，专精于全世界外汇市场的实时分析与犀利的判断，受邀演讲、授课、上电视节目的通告不断。

《操盘手华尔街：给年轻人的15堂理财课》作者阙又上，是目前少数在美国华尔街操盘的基金经理人，也具有高度的独特性。

陈重铭是高职老师，却能够靠存股方式，提早达到可以稳稳退休的财富水平，堪称投资理财领域的典范。

单就以金融投资领域来说，就存在着各种不同的市场区隔，区分出许多的小众市场。上述这几位财经博主并没有股神封号，也并非全方位样样精通，而是在某一方面表现特别突出，就被冠以顶尖人士的封号，吸引广大读者与铁粉的支持，他们都在短短一两年时间内，在社群累积数万名粉丝，显见独特性的重要。因此，你只要有单一才能特别突出，就可以在广大的市场当中取得利基，被视为杰出人士，并不需要样样精通。

以上仅以金融投资圈为例。也可以检视你所属的产业，或者打算投入的新领域，当中一定会有不同属性的需求和市场区隔，而你不需要什么都会，只要拥有单项特别突出的特质，深耕发展，满足其中某一项特别的需求，就能够从中收费。

2. 多种特质混合之后的个人价值

或许你并没有在单一的特质或才能上特别突出，但是因为混合了多项特质或才能，让"整体组合"构成了特色鲜明而且辨识度高的状态，那么也会拥有广大的粉丝。

在网络知名财经博主当中有位 Mr. Market 市场先生，他就兼具多重身份：作家、博主、讲师、投资理财教练、网络营销教练，他本身不是投资分析师出身，针对股市操盘的经验也不是最突出，然而他有着多元的兴趣、通过广泛涉猎财经知识之后，详尽地将个人的学习和阅读经验给一般投资大众参考，间接帮助了许多想要学习投资理财的人，粉丝人数达七万多，远超过前述单一领域的专家们。

精准营销，有需求就有价值

很多创作者会担心，自己创作的文章或提供的知识无法收到钱，所以迟迟不敢收费。这种担心是很正常的。为知识付费的观念慢慢普及，在收费模式、定价、市场接受度等方面，都还未取得大众一致的意见，但这就是知识经济的特色，对于觉得有用的人，会毫不犹豫立刻付费，甚至愿意用高价取得专业知识。例如"安纳金洞察"VIP订阅平台上的读者，对于安纳金所提供的金融市场行情及时的判断，以及第一时间提供的全球政经新闻事件的分析，都有迫切的需要，晚几天知道或许就错失先机。因此对这一群需要及时取得最新市场行情判断的人，付费订阅对他们来说，既合理又物超所值。

知识工作者最需要的是了解你的目标客户，精准营销并不需要为了取得大量的点击率或者冲高网站流量，而试图"什么都包"去取悦所有人。正如同前面所说，不同领域的知识和经验都有不同的客群，其价值感、时效性的需求也因人而异。只要精准地找出自己最具优势的定位，然后针对该定位提供高质量的产品或服务，或知识内容，就能够更快地吸引到对的目标客户。

若是还无法在市场上建立付费的客户群，那么可能是你的产品或服务在独特的质量或专业的深度上，相较于市场免费取得的差异性相去不远，或是你锁定的目标族群并非最适合你的产品或服务的人群。这时候，除了必须提升自己产品和服务本身的水平之外，建议你多增加在网络群组间的交流互动，借以了解不同类型客户的需要，同时建立与粉丝间的信任感，先信任人，再信任产品，这是个人品牌经营成功的核心价值。

高手的提醒

知识付费的时代已经来临，不必担心创作收不到钱的问题，重点是如何找到一群认同你的粉丝，做精准营销。认识自己的优势在哪里，认清市场的需要在哪里，将你的优势强化到可以满足市场的需求，自然吸引粉丝愿意付费，这也是个人品牌经营的基础。

18
小众难维持，大众竞争大？

品牌的影响力都是由小众开始，进而带动一股风潮；
以国内作为创业初期的试验场所，失败再重新来过的成本
会比国外来得低许多。

先建立起小众市场的成功模式

市场小不代表机会少，小众市场是属于认同感强，有共同兴趣的，
若你的产品或服务可以产生共鸣，那你已经开始建立个人的品牌形
象了。事实上，品牌的影响力都是由小众开始，进而带动一股风潮，
接下来逐渐吸引大众关注，并开始产生认同感，进而扩散到更广大
的市场的。

举例来说，自20世纪80年代CD唱片出现后，黑胶唱片从此就
成为少数怀旧迷的小众市场。但近年来，因在线音乐和盗版造成实
体唱片市场急速衰退，唱片公司推出几张经典复刻版黑胶唱片寻求
突破，经由黑胶怀旧社群热烈讨论，却意外引爆黑胶唱片大为流行，
连过去未曾听过黑胶唱片的年轻世代也热烈参与，此风潮扩散到世

界各地，竟成为唱片市场近年的黑马。

实力都是从小到大逐渐累积的，知名度也是经由大众传播媒介逐渐扩散开来的。很多的自有品牌发展相当多元而且成熟，都是先由本土市场发迹，之后再进军到外地市场的，因为在本土的企业营运成本很低（包括水电、人力成本、律师、会计师等费用都不高），以本土作为创业初期的试验场所，失败再重新来过的成本会比外地来得低许多。

国内多元发展，适合发展斜杠

许多人以为选择大市场，成功机会比较大，但不可否认其竞争也较大；事实上，一个大的市场更细分区域与城市，且彼此间存在着相当的差异性。除非你的产品具有跨文化或跨区域皆一体适用的特点，并且强大到跨足海外市场发展也能成功，否则对大多数的斜杠者来说，打外地的市场不是必要选项，在财力上也并非可以负担的。

知识经济时代，这些知识内容都是可以实时转译为不同语言、在互联网上营销的，只要是高质量的内容，自然吸引对该领域求知若渴的读者。

善用所在地优势把根基稳固

在现代的商业环境下，尤其是通过网络营销，地域也越来越不重要，反倒是你的事业根基（草创的前几年所建立的商业模式，以及选定的核心竞争力）最重要。目前全球筹资渠道最多而且创新人才最密集的地点在美国的硅谷、旧金山，以及北京、上海和深圳；集结世界各地的精英汇聚也将这些地方变得竞争最为激烈，然而只要你具备国际级的竞争力，选择最大的舞台去打拼，也最容易被看见。

当然，如果你初期还不具备国际级的竞争力，就要善用所在地的优势（Home-market advantage），用熟门熟路，沟通容易的优势，先在自己最熟悉的市场把根基建立起来，初具规模之后，再以扩展海外据点的方式打入较大的市场，甚至将总部移到外地也可以。

无论你从哪里开始，首重累积人脉

每个人在新事业发展初期，都希望有贵人相助，他们可以给你及时的帮助，缩短成功的时间，甚至在你陷入危机的时候能帮助你渡过难关。人脉就是钱脉，而人脉往往比资金更显重要，因为好的人脉除了可以支持提供你所需的资金外，还可以提供资金以外的协助。例如帮你解决法规或法律上的问题、引介该领域重要人士给你、提供专业能力上的协助或分享他们累积的经验，等等，这些资源往往不是金钱就能买到的，而是建立在友好的关系之上。

高手的提醒

　　要先了解自己的核心竞争力是什么，适合将哪一个国家或城市当作根据地往外发展，并不是最大的市场就一定是最适合你起步的地方。越大的市场竞争越激烈，反而选择最熟门熟路的地方开始，打好事业的根基，相信更容易走得稳、走得久。

19
影响斜杠青年发展的因素有哪些？

少子化并不会成为斜杠青年的阻碍，影响斜杠青年发展最关键的两大因素：一是社会风气，二是斜杠青年活跃的基础环境。

国内一胎化结果，斜杠青年最多

目前全世界斜杠青年发展最成熟的是中国。尽管我国自 20 世纪 80 年代以来实施一胎化政策，直到 2015 年 10 月，中共中央十八届五中全会宣布全面放开二胎，实行多年的一胎化政策正式退出历史，然而，这个状况并没有影响到中国大陆的斜杠青年发展。少子化并不会成为斜杠青年的阻碍，影响斜杠青年发展最关键的两大因素：一是社会风气，二是斜杠青年活跃的基础环境。

社会是否鼓励年轻人创新与创业？

斜杠青年发展所需的社会风气，主要是看社会环境是否鼓励年轻人创新与创业，是否支持多元化的工作形态以及生活模式。

《中国青年报》社会调查中心联合问卷网在 2017 年 10 月对 1988 名十八岁到三十五岁青年所进行的调查显示，52.3% 的受访青年确实对斜杠青年有相当的理解程度，其中 11.1% 的受访青年自认为已经是斜杠青年，46.3% 的受访青年想成为斜杠青年，可见斜杠青年在国内的普及率以及接受度非常之高。你可以留意，这份问卷调查的对象是针对十八岁到三十五岁青年所进行的调查，推算适逢 1980 年至 2015 年国内实施计划生育的时间点。

尤其是北京，几乎是中国斜杠青年的汇集中心，这与政府于 2015 年 9 月 26 日公布的 "大众创业，万众创新" 政策直接相关，由政府来主导年轻人创新与创业，引领了整个社会风气的转向。

这股风潮鼓舞着许多年轻人，向往凭借自己独特的才华与技能来实现独立、谋求发展的生活模式，毅然决然选择 "北漂"（只身前往北京发展）去闯一闯。这就像过去几十年，来自世界各地有才华的年轻人竞相涌入纽约闯一闯是相同的道理。只要社会风气鼓励个人创业以及独立自主，自然吸引人才汇聚。

此外，国内 "知识付费" 的风潮也是发展得如火如荼，许多拥有知识与才华的人，借由网络媒体和平台得以展现自己专业的独特性，让有需要的人付费来购买这些知识内容或者个人技能上的服务。例如：微信公众号、新浪微博、新浪博客、百度云端、网易云课堂、喜马拉雅 FM、在行、知乎、得到、豆瓣、简书、荔枝微课、分答、小密圈、贵圈、一直播……这些都是知识青年通过提供个人知识和能力、服务相关需求以获取收入的网络平台。直至目前，中国在知识付费平台方面的发展可以说已经领先全球，甚至超越了欧美日等先进地区和国家，最重要的原因在于，政府对于创新创业的发展给予高度的支持。

斜杠青年发展需要哪些基础建设？

能够帮助斜杠青年发展所需要的基础建设，不同于传统的铁路、公路、机场、水电瓦斯那些公共建设，需要重视的关键在于互联网的普及、移动设备的普及以及便利的交通……那些有助于人们互动以及信息交流完善的环境。北京、纽约、东京、伦敦、巴黎、台北、首尔、上海、深圳，这些交通便利而且网络普及的大城市，显然是最适合斜杠青年发展的中心。

斜杠青年与传统创业者最大的差别在于，前者主要以个人的知识与才华为核心，而后者需要一笔资金以协助创业。斜杠青年往往不太需要资金作为后盾（也因此许多人北漂发展），因此更需要快速流通的信息和可以大量触及人群的平台，以充分地展现自我的才华与能力。

高手的提醒

　　少子化现象并不会影响斜杠青年的未来发展，因为少子化趋势与斜杠青年发展趋势两者并没有绝对的关系。你该留意的是网络社交平台，以及民众的知识付费观念是否普及，只要你可以找到合适的平台去展现自己的才华和能力，那就勇敢去尝试吧。

4

CHAPTER

家庭环境篇

家属的 want，你的 need 还是 must？

20
家属反对，认为不务正业？

若你希望你的另一半或家人支持你发展斜杠青年路线，那么我会建议你至少要达到 Must 的水平，不然宁可先不要提这件事，否则他们不太可能会支持你。

通常家人担心的是财务以及面子问题

陈重铭老师说："我的岳父母一家都是公务员，他们一开始很反感我投资股票，认为那是赌博，但是我坚持做对的事，投资股票靠着好公司来帮我赚钱，二十几年过去了，公教的退休金被砍了，但是我的股利完全超过退休金的损失。所以不要怕别人反对，'择善固执'最重要。"

另一半或家人会反对你成为斜杠青年，十之八九他们真正担忧的是财务稳定性，以及面子的问题。试问，如果你当斜杠青年的收入比原来多，知名度也比原来高，你的另一半或家人真的会反对吗？应该是求之不得吧。

演员黄一嘉分享他个人的经历说："家人最初反对是理所当然，

因为你在这件事情上还没有成绩。在我辞去金融业优渥工作成为演员的初期，我在家中客厅都会摆放一本笔记本，写自己哪几天有戏要拍、哪几天要去哪里试镜新广告、哪几天去哪个剧团排练或上表演课，就算早出晚归与家人们彼此难以碰到面，他们都可以通过笔记本知道我没有在混，而是专注在演员的工作上努力奋斗，随着时间的流逝，当我拿出我在电视荧屏上的主角作品时，家人的反对就化作了强烈支持！"

在你还没达到 Must 基本水平前，先不要跟家人提

在人力资源管理的领域，我们常用 Must（基本必需水平）以及 Want（希望达到水平）来衡量一个人的才能以及发展。若你希望你的另一半或家人支持你发展斜杠青年路线，那么我们会建议你至少要达到 Must 的水平，不然宁可先不要提这件事，否则他们不太可能会支持你。〔图 20-1〕是让家人支持你走斜杠生涯的 Must 以及 Want，但以"放弃原有的正职，去凭自己的兴趣发展或者创业"为标准。

	Must（基本必需水平）	Want（希望达到水平）
财务面 名声面 其他考虑	取代原本正职收入的至少六成以上，而且必须满足家庭基本开销 不要损及健康、不要拖累家人	超过原本正职的收入 让家人的生活更快乐

〔图 20-1〕　让家人支持你离开正职、发展斜杠的 Must 以及 Want

从〔图20-1〕我们可以发现，Must（基本必需水平）是要维持现有的水平或者至少不能差太多；而Want（希望达到水平）就是要比原来更好。因为家人会需要安全感，而你放弃原有的正职就是一个带来不安全感的重大改变，如果无法达到Must的水平，我诚恳建议你继续维持正职，并且多花一点时间去让自己有把握达到Must水平之上，再跟家人讨论改变职业生涯的议题，这可以避免不必要的夫妻不睦或者家庭革命。当然，如果你很有把握可以达到Want水平，那么就拿出具体的证据以及未来规划，勇敢地向另一半或家人提出吧。

如果只会更好不会更差，谁要反对？

"放弃原本的正职"这件事情是会让所有人担心的，姑且不论你有什么想法或规划，光是提出放弃正职这件事情，你的另一半或家人99%就会先反对了。因此，我会建议你先稳固单杠（正职），在不放弃单杠的前提下发展斜杠。也就是说，你继续维持本职而利用多余的时间去发展第二专长和兴趣，让第二专长和兴趣创造出来的价值慢慢产生收入，逐渐达到原本正职收入的一半以上时，你就可以逐渐将重心放在后者、去加速拉高后者的收入。在正职以外的所有收入（包含投资理财所得），合计已经超过了原本的正职收入的时候，才考虑是否放弃原本正职。在这样的路径下，你面对的是〔图20-2〕所示的状况。

	Must（基本必需水平）	Want（希望达到水平）
财务面 名声面 其他考虑	超过原本的正职收入 超过原本的名声 让家人的生活更快乐	收入明显比以前多 功成名就 家人的生活质量与幸福感明显提升

〔**图 20-2**〕 **让家人支持你有单杠再斜杠的 Must 以及 Want**

　　面对〔图 20-2〕的状况，将来只会更好不会更差，还有谁会反对呢？因此，本书的核心逻辑不是要你为了斜杠而斜杠，而是先稳固本业，让你的整体收入极大化，一直到本业为你带来的收入已经明显比不上你的新职能，为了更有效率地运用时间，让你不得不放弃本业时，才放弃原本的正职而完全投入新的领域发光发热。

才能发光发热时，周遭亲朋好友是最大受惠者

　　没有人的另一半或家人会不希望看到你功成名就和收入大增的，他们怕的只是"你自认为会更好而实际结果是更差"这样事情的发生，这会让他们失去安全感，你失去生活保障。

　　因此，有两件事情，我认为是跟家人沟通放弃原本正职而走斜杠路线最重要的准备：

1. 先有具体的证据

　　"你自认为会更好"这件事情必须转变为"一定会更好"。为了达到这个转变，你就必须先取得未来确定的收入证明，例如来自

新领域的订单、新公司和你签订的聘书或契约（offer letter contract）或者你已经接到的项目合约……

2. 充分而诚挚地沟通

另一半或家人通常不是真的要阻碍你的自由发展，他们怕的是你因一时冲动所做的错误决定导致的结果。因为许多人离职或转换跑道的原因，是因为和原本公司的同事处不好、有纠纷或者心理不平衡等因素导致想要离开公司改变环境。在这种情况下，其实有问题的可能是你自己，如果你自己没有改变，那么转换公司或转换跑道的结果也未必会更好。因此，你一定要充分而且诚挚地和另一半或家人沟通，让他们百分百确定你不是因为情绪或不满，而是确认了自己将来有更好的发展前景（搭配前述第一点的证据）必须取舍而离开你原本热爱的那一家公司。

高手的提醒

你的另一半或家人，怕的不是你的未来发展不会好，而是怕你因短暂的一时情绪或想逃离职场的冲动决定。光凭情绪和幻想是无法让另一半和家人安心的（连身为此书作者的我也无法认同），请务必准备好了具体的证据，再开始充分而诚挚地沟通吧。

21

父母管束，无自由独立性？

父母保护你的本意是为了避免你受伤，但无论你的父母管你多少，未来能够给你多少资源，你都必须谨记在心的一点是，你必须为自己的人生下半场负责。

保护你是为了避免你受伤

父母管太多的，普遍是家境比较好的人，由于不希望自己的小孩在外面受伤被骗，会保护得比较多，给的独立性比较少。如果你是属于这一种状况而感觉到自我发展受限，那么我要先给你一个正确的心态："凡事都是一体两面，没有绝对好，也没有绝对不好。"

基本上，家长有时间或者有能力保护你，那就代表他们能够给的资源比其他贫穷拮据的家庭要更多，这些是你将来发展事业，无论在资金还是人脉资源上的优势，所以不要埋怨或怪罪父母管你太多。当然，如果父母资源贫乏又管你太多，那么，你就要视为这是磨炼你意志力与能耐的机会。

你要为自己的人生下半场负责

无论你的父母管你多少、未来能够给你多少资源，你都必须谨记在心的一点是，你必须为自己的人生下半场负责。因为如果你目前已经三十五岁，那么你的父母可能已经六十至七十岁。当你进入人生下半场（四十五岁过后），你的父母可能已经老到没有行为能力或者已经不健在了，只有你能够照顾自己、照顾你的家人。

父母能够管你或者影响你的时间是有限的，你必须在他们还能管你的时期之内，自己做好准备，你不会知道你必须何时肩负起家庭的责任。如果你还在父母的羽翼下而无法独立自主的话，他们保护你免于生活中的某些挑战或挫折，你会有比其他人更多一些的自由利用时间（其他人则还在努力挣扎求生存或者在挫折当中被困），我会建议你多看书，善用被保护的这一段安全无虞的时间，多培养个人兴趣以及第二专长。

在本书的第十六个问题："职场赢家必备哪三种习惯？"所建议的三件事情，就会是你在受父母保护或管教期间，最值得花时间做的事情：常与他人沟通互动、大量地阅读、自主性学习。

先有好成绩，才会有好肯定

"在父母眼中，我们永远都是小孩子"这种现象是无可厚非、你也无法抗拒的事情。如果是因为你个人的不求上进、不求独立、不敢负责任、依赖性高，需要父母多保护你，那就是严重的生涯发展错误了。

　　无论你是因为自己的懦弱造成的父母过度保护，还是反过来，父母过度保护让你的独立自主发展机会受限（不过通常前述两者都是会有正增强的相辅相成效果造成现在的你），最好的解决方法，就是多多主动展现出你的"个人成绩"（指的不是父母帮助下你所得到的成绩，而是你真正靠自己所创造出来的价值或外界肯定）。唯有不断证明你能够靠自己创造出好成绩，你的父母才会认识到："啊！原来你已经长大了！"因而敢渐渐地放手，让你试着独立。因此，先靠自己创造出好成绩，证明给父母看，他们才能够肯定你的独立性。

高手的提醒

　　"望子成龙，望女成凤"是大多数家长们共同的心愿，只要你能够持续不断地向父母证明你能够靠自己有所成就，没有父母会想要阻碍你发展的。如果你认为现在是时候让父母放开双手，那么勇敢拿出你的证据吧！

22

太过忙碌，失去生活质量？

人生是不断取舍与做决定的堆栈旅程，只要将过程做
动态的弹性调整，你可以全部兼得。

多职让生命更多元更平衡

现在不少人即使在工作上赚到了钱也感到不开心，觉得生活枯燥乏味，"难道我就这样过一辈子？"如果你是这类型的职场工作者，成为斜杠工作者不失为改变生命轨迹的好选择，借此可以摆脱一成不变的生活。

事实上，大家可以发现，对于感兴趣的事情，总是有用不完的精力，恨不得一天有四十八个小时可以工作。依据我在职场上多年的经验与观察，何谓工作和生活平衡？就是："拥有越多选择权空间的人，越能达到工作和生活平衡"，否则，处于被支配的工作角色下，你很难做到平衡。但这和财富并没有绝对关系，例如，台湾富豪郭台铭，太多人、事、物都需要他做决定，虽拥有巨额财富也很难达到完美平衡。所以，平衡工作和生活的另一个可行方向，是

一个可以融入生活的工作，有很多斜杠工作者都循此方向来达成。

斜杠是一个让你拓展人生选择的好方向，在目前多元发展和科技推陈出新的环境下，很多事情都可以利用零碎时间或在家完成，摆脱了空间和时间的限制，能限制你的只有你自己。

拉长时间幅度，人生其实可以兼得

害怕失去重要的人、事、物的这一担心可能会让许多事裹足不前；重点不在于害怕失去，而是在不同状况下，做动态的弹性调整不被牵制的比率。家庭、工作、朋友、健康，是人生的四大支柱，缺一不可，但这并不表示，你因为工作忙，为了健康就永远不加班熬夜；你因为要和家人聚餐就放弃该完成的工作。

人生是不断取舍与做决定的堆栈旅程，只要将过程做动态的弹性调整，你可以全部兼得。如何调整呢？只要拉长"时间幅度"就行了，不要因为短视而困住了自己。比如说，你若想每天都兼顾以上四者，那么几乎不可能做到；如果你以每周的时间角度来衡量，那么达成概率较高；如果是每个月的时间角度来衡量，达成概率又似乎更高了；若以每年来衡量，那么你肯定可以做到。

为了热情而忙碌，总比无趣地闲着好

斜杠可以扮演家庭、工作、朋友和健康上的润滑剂，有多少人因忧心中年失业不保而心情忧郁，而借由投入斜杠的热情也容易感染到你的家人和朋友，让他们成为你的助手或支持的力量。人因梦想而伟大，而热情和爱是这个世界最容易传递的力量。思考一下，你对生命的热情和对家人朋友的爱是否可以再更多一些？相信斜杠是你的好选择。有些人希望工作不要太忙碌，有较多的时间陪另一半和家人，然而，更多时候却将时间耗在无意义的上网、漫无目的地看一堆影片或八卦文章上，家人并没有感受到你的真心陪伴。

事实上，根据调查，许多退休人士在离开职场之后，因为没有第二专长和兴趣，生活失去重心，在家庭关系、身体健康方面都比工作时来得差，甚至于有些公司的高级主管在职期间一切都很好，退休之后身体、心理、人际关系都大幅下降，过得非常不快乐也不适应。若你感到生活和工作的一成不变，我鼓励你尽早投入斜杠行列，这是确保你对人生可以持续保有热情与冲劲，甚至帮助你延长寿命的一条道路。

高手的提醒

人生很简单，只不过我们的思绪太复杂。家庭永远是生活的重心，静下心来思考，人生是一场时间有限的拼图过程，除了现有工作外，还有什么是你想完成的。在工作上，你拥有多少时间分配权；退休后的生活准备好了吗？若要兼顾家庭生活，试着让家人和朋友参与或了解你的斜杠之旅，相信你不但不会失去重要的人、事、物，还会得到更多的亲情和友情。

23
收入不稳定，缺乏安全感？

多数不敢尝试斜杠人生的上班族，普遍都是害怕收入
不稳定因而缺乏安全感。最佳的解决之道，先稳固单杠，
再开始斜杠。

给刚步入职场的社会新鲜人

如果你是社会新鲜人，还没有一份稳定的收入，也没有任职过
任何一家公司的经验，我建议你先找到一份能够展现你核心专长的
公司职务或者是属于你感兴趣的产业，从一个全职的员工开始。

因为社会新鲜人的第一份工作最重要的目的在于学习，包括人
际关系与职场伦理的学习，跨部门沟通协调或与上下游厂商互动的
历练，这些都是必须由公司当中比较有经验的"老鸟"或导师带着
你来学会的，有人教才容易上手，自己摸索很可能四处碰壁而进退
维谷，浪费时间。

如果一毕业就直接当个自由职业者，就少了以上这些社会化的
技能，除非你确定能够找到有经验的老手带着你起步，否则毫无社

会历练的状态下，直接走斜杠青年或自由职业者的路线，你的职业生涯发展可能因为跳过了某些环节，少了某些能力，因而在社会上行走时遇到问题无法解决，或者被占便宜吃闷亏，也不知可以向谁求助。

给已经在职场工作好几年的人

如果你已经在职场好几年了，不想破坏当前的稳定收入而安于现状，那么你必须问问自己以下几个问题：

1. 你确定可以稳定多久？这个职位在你退休前真的会一直存在吗？（你必须把未来人工智能、机器人等科技发展的影响也考虑在内。）

2. 你服务的公司或单位，真的可以养你或你家人到退休年龄吗？（你想要公司给你保障，但是未来世界是否也让公司得到保障呢？）

3. 就算是稳定，会不会是稳定的低？而你和家人值得获得更好的生活水平（想想你是否一直少拿了自己真正该有的薪资水平，原因是否是因为你不愿意面对改变）？

前面两题的答案，都不是现在职场上多数人可以确定的。在本书的前三章已经有提供相当多的观察以及最新现况的佐证，因此不再赘述。

第三题的答案，可能只有你自己最清楚，但也可能甚至连你自己都不清楚。所幸目前国内的就业市场还算是相对具有效率的（因为转职容易，工作机会也算多，全系于求职者抉择罢了）。

也由于就业市场有效率，使得你目前的收入大致反映了"你目前在职场上所创造的价值"，或者更贴切地说，目前收入是反映了"你目前在该职务上所展现的能力水平"。

但是，如果你目前所处的职务并不是你个人真正的核心能力所在，也就是说你把自己放在职场上错误的地方了，那么你目前的收入很可能是低估的，由于每个人的核心能力不同，竞争优势也不同，如果你目前职务是恰好能够展现出你相对优势的核心能力，那么你就会获得较高的评价，而有效率的就业市场会回馈给你较高的收入水平。

先稳固单杠，再开始斜杠

多数不敢尝试斜杠人生的上班族，普遍都是害怕收入不稳定而缺乏安全感。最佳的解决之道就是先稳固你的本业（单杠），有把握之后，再从你的本业出发来寻找和本业可以相辅相成的第二专长（斜杠），因为这些新的职能是有助于你在本业上的升迁发展的，因此所投入的时间和精力绝对可以让你在原本的角色上做得更出色，更能够凸显出其他人在这个职位上所无法展现的特色。

随着时间流逝，当你第二专长已经具备一定的水平，开始承接来自他人委托帮忙的案子或其他异业的外包项目委任时，就会产生或多或少的收入，自然水到渠成拥有本业收入再加上额外收入。

如果你因为本业遇到特殊的原因以至于不得不离开公司，靠自己发展（例如公司倒闭或裁撤单位而你找不到新的工作），那么失去一份正职的工作，无论去打几份工，收入不稳定是必然，该如何面对？

高手的提醒

建议搭配本书的第一个问题："你的死工资，正在拖垮你？"一起阅读，勇敢地跨出你的下一步吧，就算不为了自己，也要为了你的家人或下一代。

——黄一嘉这样说：

斜杠青年初期的收入不稳定是必然，想要喝水就得凿井，先有一口最容易有水源源不绝的井，再持续不间断地凿其他口井。在我辞去金融业优渥工作成为演员的初期，由于演员这口井的水，无法养活自己，我先靠着过去十多年累积的主持人这口井，填补平日所需。主持人工作曾经是我的兴趣，后来，成了我主要维持生活家计的收入来源。靠着主持这一口井中虽然微薄但持续稳定的水来过日子，得以持续不懈凿深演员这口井，让我拥有了更多活水的来源！

24
让小孩成为斜杠青年？

世界变得太快，我们无法确保十年、二十年后的生活会变得如何，如果你希望你的小孩将来的成就大于你，那么就不该以你目前的思维和能力去界定了他的发展。

未来的世界，非我们过去经验可掌控

李笑来在《财富自由之路》这本著作当中，提到了一段他小时候和父亲之间的真实故事。他说，他小时候因为拒绝写"我的理想"这一类的作文，老师把家长叫到学校去，他老爸走进学校办公室，了解全部情况之后，反问老师："陈老师，我想问个事儿……你能不能告诉我你小时候的理想是什么呢？"顿时，整个办公室的空气突然凝住了，鸦雀无声，无人说话。如今，李笑来已成为全中国最活跃的网络红人之一，也是天使投资人，中国比特币首富。

我也分享一下我亲身的实例：我用安纳金这个笔名在网络上写了两年的文章，从来没有露脸过，声音也没有，当然也就没有跟粉丝碰过面，没有签书会，没有开课，没有演讲……任何和粉丝的接触都没有，然而我却拥有了四万多名粉丝。其中有以"每天没看到安大文章就会感到空虚"的粉丝温馨留言，我确实影响了许多人投资、财富甚至思考的方式，我爸爸大概从没想过小时候那个安静木讷的我会是今天的安纳金。最震撼的事情是，今年过年的时候，爸爸跟我说他把我的另外两本书《高手的养成》《散户的50道难题》读了两遍，对"我朋友"的书评价不错——他根本不知道我就是安纳金！

世界变得太快，我们根本无法确保十年、二十年之后，自己的生活会变得如何，当然也就更无法掌握，在未来我们的小孩会有什么样的发展。如果你希望你的小孩将来的成就大于你，那么就不该以你目前的思维和能力去界定了他的发展。

具备深度工作力，要几条斜杠都可以

有些家长会担心自己的小孩成为斜杠青年，究其原因，通常是担忧他们放弃职场上"正途"发展，选择了脱离正轨的职业生涯路线；其他更深层担心的原因是怕收入不稳定，以及怕别人说自己的小孩不务正业。有关收入的稳定性以及不务正业的担忧，在本书其他部分已详述，此处就暂不讨论。我们应该要先留意"正途"这件事情，在几年后的世界会如何演变？

在思考该不该让自己的小孩成为斜杠青年时，更要看重的是让你的小孩培养何种能力，可以在未来新科技浪潮下不致被淹没。自动化和人工智能在未来将可能取代很多具有重复性的工作，因此是否成为斜杠青年并非重点，拥有深度工作力才是未来不会被淘汰的能力。

何谓深度工作力？MIT 计算机科学博士卡尔·纽波特（Cal Newport）的著作《深度工作》（*Deep Work*）提到，深度工作"在免于分心的专注状态下进行职业活动，这种专注可以把你的认知能力推向极限，而这种努力可以创造新价值，改进你的技术，并且是他人所难以模仿的"。这种能力特别是对于自由职业者或创造性工作者来说，都是最重要的能力，当没有人给你方向和标准工作流程时，你如何自我独立完成高质量工作，这正是每个斜杠工作者每天在做的事情。

增加人生的广度，更容易找到人生定位

乔恩·阿考夫（Jon Acuff）是一位国际著名的职业生涯发展专家，著作《奋斗的正确姿势：8 份工作，26 项兼职教给我的职业之道》提出职业生涯存折的观念。

职业生涯储蓄账户 =（人际关系 + 技能 + 个性）× 努力

人际关系 = 你认识谁

技能 = 你会做什么

个性 = 你是谁

努力 = 你如何运用上述这些东西

其中，个性是所有关系的润滑剂，也是其中最没有办法速成的，这也是成为斜杠人的特质，越早培养越好。事实上，现在所学的技能，

在未来都有可能惨遭淘汰，但认识自己这件事，却是在人生遇到挫折时，唯一能引导你通往正确方向的灯塔。对于还未有很多社会经验的年轻人来说，培养第一份技能，建立良好人际关系和努力是最重要的，但同时也必须对人生抱持足够宽度，并为自己负责。而为自己负责最好的方式，就是不要辜负上天赋予你开创属于自己人生的能力。

高手的提醒

工作的深度和人生的广度是未来青年必须具备的，而这也是斜杠青年所需，像一颗种子的成长，土壤是深度，阳光、空气和水是广度，完美比例让幼苗长得更高。越早培养小孩拥有斜杠的观念和能力，让他知道工作非人生全部，在工作和生活中发掘自己还有哪些潜能，对自己了解越多，人生的道路越广，越不会在职场的丛林中失去方向。

5
CHAPTER

财务管理篇

有钱人和你想的不一样!

25
学习重要的是方向、方法还是平台？

学习的渠道很多，重点是学习的方向和方法是否正确。

多利用在线学习和政府补助方案

近几年，各大名校或在线学习网站纷纷推出线上学习课程，大多是免费或是远少于实体课程的费用，几乎所有可以在课堂上学的东西均能从这些平台上获取。举例来说，以下网站是大家常用的，但最好用的工具仍是通过 Google 找到适合你自己需要的课程。

好用资源 1 edX

edX 免费学习来自全球顶尖大学（包括 MIT、伯克利与哈佛大学）的课程，有提供付费的认证证书。让大学以外的机构在 edX 平台上开课，是 edX 的重要特点之一。世界经济论坛（WEF）、微软和 Linux 等机构都在平台上开放在线学习该机构相关课程，其课程的涵盖面很广。另外，虽然 edX 在线课程少于其他学习网站，但在学习体验的设计和学习质量上的要求仍备受使用者肯定。

好用资源 2 Coursera

Coursera 免费学习来自全球二十多个国家、一百多所顶尖大学的课程，有提供证书的专项课程。几乎都是和各国最顶尖大学合作，也有为数不少中文版本的大学课程可以学习，包括台大、北大和香港中文大学等华人名校所开的课程，广受华人世界的朋友热爱。另外，对于有志于从事新科技领域的学习者，各类相关新科技的中文课程也都可以找得到，中文课程更方便无障碍学习。以台大 Coursera 来说，就包括了人工智能、机器人学、赛局理论和大数据分析等课程，都是国际知名学者所开的课程，受到相当多的学习者的喜爱。

好用资源 3 MIT OpenCourseWare

MIT OpenCourseWare 免费提供几乎所有 MIT 课程。开放式课程（Open Course）的概念，是美国麻省理工学院（MIT）在 1999 年教育科技会议上提出的，免费提供高质量数字课程，可以说是开放式课程的先驱。一开始，只有提供中文化 MIT 课程的服务，但后来不少的大学也纷纷投入开放式课程的建立，在经过多年推广后，更设立了开放式课程网站，包括台大、清华和交大，等等，开放式学习的概念让学习者有了更多的课程选择。

好用资源 4 MOOC 学院

MOOC 学院是由"果壳网"经营的大量课程网站。是目前国内最大的 MOOC 学习者交流平台，可以看成是各类学习平台的入口网站，网站收录 Coursera、Udacity、edX 等主要网站的 MOOC 课程链接和内容简介，并提供学习者互相交流的讨论区和课程笔记区，除了课程外，也包含职业课程、专题和演讲等内容。由于每个课程片段设计的比较短，更容易进行碎片化学习，对于上班族来说，是一个很好的选择。

高门槛的专业课程，与网络交流相辅相成

如果你要学习高门槛的专业技能，必须通过专门训练中心去进修，例如，木工实作、室内设计、水电维修、老年照护等。在一、二十年前几乎都是要付费才能够接触到这些学习渠道，并且需要亲临训练机构或特定场地去上课，在网络上很少有相关的经验分享，以现在的术语来说，就是只有线下（offline）课程，而缺乏在线（online）资源。

随着网络日益发达以及人们生活习惯的改变，尽管这些专业课程多半还是要付学费，但是目前已经很容易通过网络的免费资源分享基础概念来辅助学习，也可以通过相关社交平台请教行业内的高手来了解。无论在学习之前或学习过程当中，更完整了解该行业现况以及过来人对于这个行业的甘苦谈，通过在线线下（online to offline）并用，能更好地提高学习的效率和效果。

垂直的知识学习，在现在这个环境中，大多可通过学习平台得到基本观念和知识。但一定要留意，学习过程中另一个更重要的目的，是建立相关领域的人脉，人脉就是你知识和能力的延伸，多认识该领域的高手，也多认识和你一起学习的同伴，在未来斜杠生涯发展

的过程当中，遇到瓶颈时，这些人都极可能会是你的重要贵人。

金额大的学习，也有几种配套方式

针对金额大的第二专长学习，青年创业补助、青年创业贷款或是向亲友借钱都是可行的方式，但与其一开始求助别人，不如先思考一些可行的配套方式，来减轻你的金钱负担，以下是几个建议的方向：

配套 1　边做边学

如果你要学的领域是需要长时间投入才会有成果的，那么边做边学会是一个更好的方式。刚开始投入一个新领域时，可以通过担任义工、学徒或支持性的角色进入该领域，因为观察与模仿就是最好的学习方式。例如，你想开咖啡店，需要一笔大额资金，再多的课程恐怕也只是画饼充饥，必须进入现场确实了解进货流程、食材准备、人员管理、质量管控等细节。因此选择从工作中学习是最省钱也最有效率的方式，哪怕是一个礼拜抽出几个小时的时间，对你的帮助都很大。

配套 2　拉长学习时间

对于现有工作已经很忙，无法在固定时间内学习第二专长的朋友，拉长学习时间是另一个方式，可以每个月存下一部分学费，分批次学习。我的一位朋友为了室内设计的专长，前前后后花了三年时间才学习完所有专业课程，一样也能遂其所愿，跨领域成功。

配套 3 学习投资理财

这个方式比较适合有基本概念的朋友采用，因为学习投资理财需要花时间，诚恳地叮咛读者朋友切勿因缺钱或急着想赚钱，而去借钱买股票或使用杠杆。我的一位大学同学，因具备投资理财的能力，在大学四年内就把要到美国留学的学费先赚出来了，不须贷款。但这并不适合初学者，建议先从定期定额投资基金或 ETF 开始，借由中长期稳健投资的方法，来建立正确的理财观念，而不是一开始就直接投入单一个股，甚至操作期货与选择权。正确的投资理财可以让你更妥善管理自己的财务，甚至创造额外的收入来源来支持你学习其他的第二专长。

高手的提醒

学习的渠道很多，但重要的是学习的方向和方法是否正确。需要现场学习的，切勿纸上谈兵，例如，婚礼顾问。需要技术扎根的领域，就必须从基本功开始学习，例如，厨师或木工。无论实体还是在线，知识的取得都比过去更容易，而维持一个好的人际关系，同时保持专注力，都可以让你以更有效率且更省钱的方式培养第二专长。

26

如何循序渐进填补资金空白？

时代变了，创业不一定要投入巨额资本，知识也可以是你的本钱。

创业真的需要投入巨大的资本？

很多人对于创业会有一种想象：一开始投入一大笔钱，包含店面装潢、厂房设备、产品存货这些初期投资，而一旦在销售端不顺利导致难以继续营运时，前期投入的资产无法变现回收，就会造成巨大的损失。实际上，真的有非常多的人是这样做的，也因此我们常常听到说一百个人创业，只有五个人成功这种可怕的数字。

传统上，很多人觉得租一间店卖东西或开一间工厂就叫创业，也许二十年前真的是这样，但我认为在现在这个时代，你能有很多有效且便宜的生产工具，增加收入的方法其实非常多，例如设计一个 App、设计一本电子书、成为 YouTuber，等等，甚至你不需要自称是创业者，就能有许多低成本的收入方式，并且创造的收入并不亚于开一间实体店面。

知识经济时代，知识就是你的本钱

斜杠青年的发展与传统创业者最大的差异，就在于前者是以个人的知识和能力为核心来创造价值，并且将这些价值变现；而传统创业者除了知识能力之外，通常需要投入一定的资金。如果你是想凭自己的知识和能力来变现，其实并不需要投入资金。

在国内，"知识变现"是主流，也就是说你并不需要用钱赚钱，而是靠你的知识和技能就可以直接变现，通过网络无远弗届的平台以及触及广大人群的特点，只要你有够强的专业，提供够好的服务，那么你就可以在网络平台上变现。

目前，在国内可以收得到钱的知识变现平台很多，且分为很多类：

（1）付费专栏：喜马拉雅 FM，得到，简书，豆瓣时间……

（2）付费问答：分答，微博付费问答……

（3）线下约见：在行，混沌研习社……

（4）付费群组：小密圈，贵圈……

（5）直播互动：知乎 Live，一直播，荔枝微课……

众筹，有几点你一定要先知道

众筹（Crowdfunding），是向群众募集资金来执行项目或是推出产品，借由赞助的方式让你的项目实现。募资方式通常是先通过网络宣传你的计划内容，并说明如何让你的作品量产、如何实现你的计划。通常需事先设定众筹的金额目标，在时限内达标即算众筹成功，接下来就可以开始进行计划。

如果你想要走众筹的这一条路，建议你一定要先经营属于你自己的粉丝，创造个人的品牌价值，否则一个完全没有名气的人，想要在众筹平台上成功募得资金会非常困难（谁知道你是不是诈骗）。由于以创造出新产品为主的众筹平台都有募集时间限制，如果你无法在时限内募到一定的资金，你就算募集失败。

有关如何经营自己的个人品牌、扩大知名度、拥有属于自己的粉丝，可参阅本书的第二十八个问题："如何缩短累积个人知名度的时间？"会有很好的建议方案。

在你的专业领域寻找志同道合的伙伴

年轻人创业多半会以找父母或家人出资为起点，但是我认为这不是一个好方法，因为如果创业失败导致大幅亏损甚至负债，通常会拖累家人的财务状况，反而使得家庭不睦，甚至有可能演变为夫妻吵架离婚。

我建议是寻找专业领域相关人士合资。当然，陌生人不敢轻易地和你合资，你应该要先在你想要投入的专业领域深耕发展、在该领域当中建立起一定的信誉以及人脉，然后才从这些专业人脉当中寻找志同道合的朋友一起来创业。

这不仅可以分散你的家庭财务风险，更可以从这些合资创业伙伴当中，获得其他你所缺乏的能力或资源。因为一个新创事业，光靠专业能力未必会成功，还需要业务、营销、项目管理、生产作业管理等不同属性的能力，而很少有一个人可以兼备这些能力。合资创业的方式，同时取得所需的资金以及专业能力与资源，是一举数得的方式。

倘若你刚踏入一个新领域，还找不到一个够志同道合的伙伴来合资怎么办？演员黄一嘉分享了他的亲身经历说：拥有金主是一件重要的事！在我辞去金融业优渥的工作成为演员的初期，由于收入低、不够稳定，一方面靠着主持工作的收入过生活，一方面也靠亲朋好友、学长学姐的支援熬过紧绷的资金缺口期。每个人一定都会有急难或手头紧的时刻，家人、朋友提供适时的援助相当重要。所以如何能在背后拥有金主的支持？请让身边所有人都晓得自己正在创业，而且是以专注努力、一定会成功的态度在创业。金主不会是笨蛋，他们只愿意支持赞助会成功的创业，不会支持看似会失败的创业者。斜杠青年对待新事业的态度，攸关金主是否出现与资助！

高手的提醒

务必牢记一句话："人脉就是钱脉。"无论你发展为斜杠青年还是创业，无论你需不需要初始的创业资金，人脉都将是你个人职业生涯成功与否的重大关键资源。做人不成功，事业就不可能成功。

27
正确的财富观念是累积"被动收入"?

正确的财富观念：要把时间投入在"努力会让成效累加"的事物上。

个人财富累积的 J 型曲线

没有人一开始的兼职收入就很高的（若有的话，请留意是否为诈骗），因为即便正职的工作，很多人一周至少花四十小时在公司上班也仅能够领取每月三万到四万新台币的薪水，如果一个人的兼职每周花不到十小时，会有超过一万新台币收入的话也就不太合理了。如果一万新台币除以每周工时十小时（相当于每月四十小时）是时薪两百五十新台币，非正职工作要超过这个水平并不容易，除非是兼职销售高价产品，或者提供特殊的服务（这里指的是专业翻译、顾问咨询、私人教练等高技术门槛的服务）。

通常一个普通人的个人财富累积会呈现〔图 27-1〕所示的"J型曲线"，它有几个常见的特性：

1.初期，财富累积速度很慢。

2. 开始后的第二年到第五年之间，财富水平有可能原地踏步甚至下滑。

3. 当突破某个临界点之后，财富累积速度会迅速加快。

4. 到中后期，会呈现仰角很陡的指数型上涨。

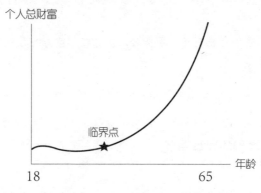

〔图27-1〕 个人财富累积的 J 形曲线

会造成这个形态的主要原因，是因为刚开始知识和经验不足，薪水增加速度缓慢，甚至可能入不敷出，所以，初入社会的人，头两年往往很难累积财富。

第二年到第五年之间，财富水平有可能出现停滞甚至下滑，通常是因为人生有重要支出（买车、买房、结婚、生小孩或者旅游，又或者买高档名牌），或者投资产生亏损（不信的话，你问问周遭在玩股票的朋友，通常只有一年新手的好运）。

在踏入社会的第五年到第十年之间，因为知识和经验的累积达到某个程度（也就是〔图27-1〕的临界点），收入有较明显的提升。

到中后期，担任主管而薪资有较明显的调升，或者创业开始有明显成果，或者掌握到正确的投资理财观念和方法，或者因为从父母那边继承家产，因而个人总财富会呈现仰角很陡的指数型上涨。

以上是多数人只有一份正职工作的状况下所呈现出来的结果，这也代表着，每一份工作所带来的收入在初期往往都很低，需要持续累积深耕发展达到某一个程度（临界点）之后，才会有明显爬升的机会。然而，很少人会撑过临界点之前那晦暗的几年，放弃的人居多。要靠自己的第二专长或兼职来取代正职收入，一定要撑过那个临界点。所以，未必是你不能，而是时间和效益的累积还没到啊。

被动收入较容易累积

你必须有一个正确的财富观念：要把时间投入在"努力会让成效累加"的事物上。很多人在学生时代可能兼过家教，教小朋友功课，时薪四百新台币到一千新台币不等，看似很高，但是由于是一对一的家教方式，你等于是在出卖时间换取固定金钱，就算你连续教了十年，只要是一对一教小朋友功课，时薪就是上述那个水平，努力累积你的能力也不会提升时薪。这种就属于"主动收入"：花多少时间和劳力就换取多少金钱，努力并无法让成效累加。

"被动收入"最常见的就是投资（包括金融市场上的投资，或者投资其他人创业）、买房收租（当包租公或包租婆）、著作／数字创作的收入。

1.金融市场投资：主要是股票、债券、基金、ETF、外币存款等，随着长时间的累积，会有"复利效果"，而那个效果就很像〔图27-1〕所示的"J型曲线"，这等于用你的金钱去替你工作，你不需要花时间就能够产生另一条J型曲线，那么你的人生总财富就会是两条J型曲线累加起来的效果。

2.买房收租：买进房子或店面出租给别人，虽然不会有复利效果，但却像是你利用了租客努力工作付租金帮你偿还银行的房贷，是一种变相"当老板"的概念。收租金的过程当中，你并不需要花时间和劳力，也不影响你的正职收入，因此你的人生总财富也会像是两条J型曲线累加起来的效果。

3.著作、网络创作的收入：你只要花一次时间创作，就可以无限量卖给有需要的人，这是最佳的被动收入之一。例如出书、网络收费文章、当YouTuber赚取广告收入、开课收费、设计App，等等，这种会有"口碑效果"传递开来而让销售量大幅度增加的收入，往往是随着时间呈现指数型的上扬，最能够符合"努力会让成效累加"效益的最佳被动收入来源。

高手的提醒

想要靠花时间出卖劳力换取收入的第二专长或兼职，往往会有"得不偿失"之感；建议考虑把时间投入在"努力会让成效累加"的事物上，才能够明显加速个人总财富的累积。

28

如何缩短累积个人知名度的时间？

> 缩短累积个人知名度所需时间的两大秘诀：名师出高
> 徒、团结力量大。

扩展个人知名度的两大秘诀

除非你有个富爸爸，不然没有人天生就有知名度，基本都是后天慢慢努力累积的。尽管如此，还是有两个秘诀可以缩短累积个人知名度所需的时间，提高效率：名师出高徒、团结力量大。

秘诀 1 名师出高徒

以台湾综艺界为例，目前收入最高的包含"三王一后"的张菲、胡瓜、吴宗宪、张小燕，这些都是综艺 A 咖（还有已故的猪哥亮）；紧接在后的，例如小 S、徐乃麟、哈林、蔡康永、陶子、黄子佼、曾国城、庹宗康、于美人、郭子乾、吴淡如、邰智源、谢震武、黑人、浩角翔起，只要能够担任知名节目主持人的，都可以算是综艺 B 咖；再来就有许多本身不主持节目，但是常上节目的通告艺人，例如沈玉琳、王彩桦、小钟、康康、张克帆、罗霈颖、王中平、绍庭、解婕翎、阿喜妹、余祥铨、许维恩、柯以柔、辛龙、鸡排妹、泱泱、梦多、温妮等，我们暂且称为综艺 C 咖。而上述的 B 咖几乎都曾经上过 A 咖主持的节目，C 咖上 B 咖主持的节目并且争取上 A 咖节目机会。

秘诀 2 团结力量大

老大哥张菲算是全综艺界最资深的前辈，张小燕、吴宗宪、黄子佼、曾国城，都曾经上过他的节目，因为即便是 A 咖也不可能靠自己一个人让节目丰富有趣，需要有其他厉害的角色一起参与，整体创造的效果才是最高的（这可称为"群聚效应"）。因此，A 咖、B 咖通常会扮演提携后进的角色，让原本寂寂无闻的新人从通告艺人开始，逐渐崭露头角而晋升为 B 咖，最后成为 A 咖。

师徒制以及群聚效应

师徒制以及群聚效应，并不是只出现在综艺圈，而是大多数产业共通的现象。刚踏入一个领域的新人，成功的快捷方式就是去投靠该领域最知名或最成功的领导者（或者领导厂商），在其门下是最有机会崭露头角的。因为 A 咖的舞台最大，只要你能力够好，被看见的概率是最高的。

然而，最知名或最成功的领导者（或者领导厂商）毕竟是少数，不见得每一个新人都有机会挤入窄门，倘若你没有机会争取到和业界 A 咖的合作机会的话，那么你至少也要尝试与 B 咖合作。

如〔图28-1〕所示，任何一个领域，假设按照知名度来排序，从 A 排到 Z，那么最核心的 A 级人数一定非常少、B 级稍微多一些、C 级更多，只算是"职业级"的，而不在这个 ABC 圈内的，都只算业余的，做兴趣的。你一定要设法跨入职业级的圈内，否则在圈外，花再多时间都难以让你有足够养活自己的收入。

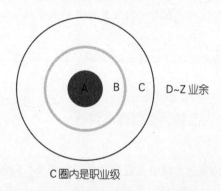

C 圈内是职业级

〔图28-1〕 职业级与业余的人数差异

——MissAnita 御姊爱这样说：

想成为自雇工作者的人往往有一种特色，就是"希望不要再面对那么复杂的职场人际关系""不想 Social 社交""不想一直取悦客户"……说穿了，有些人想成为自雇者，其实只是因为想逃避商场上那些"做人处事"的繁复而独处。

但我要说，嘿，这可是完全搞错了，因为自雇者根本是一个人身兼业务部门和执行部门！自雇者的业绩绝非凭空掉下来的，而是靠自己一个一个打好交情和关系而来的，否则外面能接案的人这么多，别人为何要发给你？你的作品真的有厉害成这样吗？你的竞争力真的有那样强吗？

假使你不想削价竞争，那么你必须在提升专业的同时维持既有客户关系和拓展新客户。

知名度不足时必须先顾及量，从大量案件中找到具有代表性的客户，好好地把这些案件做好，使这些案件成为自己的口碑代表作，通过累积有价值的代表作才有可能逐渐形成你挑案子，而非案子挑你的状态。

塑造良好个人品牌，必须谨言慎行

现在信息发达，网络及通讯软件非常普及，以前人们说"坏事传千里"，现在是几分钟内就会传到万里之外，绕地球好几圈，更恐怖的是，目前世界级的大厂，如 Facebook、Google、YouTube，甚至各种手机实时通讯软件，都有在使用大数据（Big Data），将所有记录保存在云端储存空间且几乎永久保存，因此，你在网络上所留下的任何轨迹几乎都是无法消除干净的（虽然美国开始考虑管制这个部分，但未必能够把历史记录完全清除）。切勿因为互联网的便利，就在不够深思熟虑的状况下，留下了对你将来不利的轨迹，包括情绪性的留言、不当网站的浏览记录，等等。

对于一位斜杠青年来说，若成为自雇工作者或者创业，那么切记，你的个人品牌形象的好坏，将主导你未来生涯发展以及收入的变化，因为你自己就是一家公司，你的言行若留下不好的记录，就等于是你个人品牌（或这个公司）的不良记录。在已经没有大公司品牌当作你的保护伞的前提下，你必须谨言慎行，因为一次做错事，负面消息传开，对你造成的影响可能就会掩盖过其他你做对的九十九件事。

永远记住，人脉就是钱脉

无论你投身哪一个行业，一定要广结善缘，因为人脉就是钱脉，就算不需要与他人互动的行业也一样。这并不是纯粹为了业绩（客户人数）考虑，而是你想在任何一个领域深耕发展，就一定要有愿意提携你的前辈或者成功人士，或者愿意帮助你的学长学姐，这样才能够缩短你瞎子摸象、四处碰壁或者原地踏步的时间。

有关如何累积人脉、维系人脉、善用人脉的方法，普遍在市面上和"销售"以及"人际关系管理"有关的书籍或课程当中都有在教，你只要用关键词搜寻"人脉"或"人际"，就会有很多选择，而读书自修是最省钱的方式（比较花时间）、上课是最省时的方式（比较花钱），挑选最适合你的、你喜欢的，这样成本效益会最佳。

以下推荐几本安纳金个人看过而且比较喜欢的书籍（但是未必适合你）：

1.《共赢》，约翰·麦克斯维尔著，北京时代华文书局出版，2016/09。

2.《卡内基沟通与人际关系：如何赢取友谊与影响他人（2015

年新版）》，戴尔·卡内基著，中信出版社出版，2013/05。

3.《有钱人和你想的不一样》，T. Harv Eker 著，湖南文艺出版社出版，2017/06。

高手的提醒

不是多数人没找到成功的方法，而是找到的时候已经太慢了，别人比你快，你就没有竞争力；或者，等你花了过多的时间最后终于成功时，你的家人已经来不及等你了（这才是最遗憾的事情）。

29
先烧钱再赚钱还是一开始就赚钱？

用精实创业的方法，从最小可行的商业模式降低初期
投入风险。

——Mr. Market 市场先生

不是先烧钱再赚钱，你应该一创业就赚钱

"博客来烧钱七年转亏为盈""统一超商烧钱七年转亏为盈"，
很多从网络报章杂志中而来的信息都告诉我们，一个成功的企业似
乎最开始都要烧钱好几年。我认为这里有两个迷思：

迷思 1 不要将大企业的经验套在自己身上

大企业的烧钱模式好处在于，可以快速抢占市场占有率，建立
品牌，以及通过规模效应降低成本，甚至杀价击垮对手。但这招你
不能学，也不该用，如果你选择的生意需要靠规模，靠杀价才能生存，
代表你走错路了。

迷思 2 并非要先亏损才能赚钱

我并不是认为每件事一开始就一定会成功，但一个好的生意，应该要一开始就有好的利润，不然你干吗选择这个生意呢？

在选择生意模式上，如果你没有太多资本，我建议先从"销售"开始，不管是业务的销售，还是作为中间人去代理。原因是生产实体产品所需的资本通常比较高，也比较容易被复制与竞争，相对地，销售对一般人来说比较不需要资本投入。

另一种模式是通过"信息型产品"来获得资本，例如在线影音课程、销售电子书、写博客。也许这些方式的获利速度通常没有投入大额资本来得快，但成本与风险非常低。

不要过度杠杆，要留有足够的容错空间

在投资股票时，有个很重要的概念是：尽量避免过度财务杠杆操作（杠杆就是通过借钱以小搏大）。原因在于顺风时杠杆会让获利加倍，但亏损时伤害也会加倍。

创业比投资更容易财务杠杆，我认为适度财务杠杆是好事，但千万不要过度。第一次创业，过程一定有很多需要学习的事，无论是产品的选择还是销售的方式，你几乎不大可能一次做到位。投入大资本，尤其通过借贷杠杆投资时，风险就是你会失去调整的弹性，如果没有一次成功，那就注定失败。

千万不要为了想多赚一点，而做出超出能力的决定，怎样算过度杠杆？当你会对 20% 亏损感到恐惧时，就已经过度了。

运用"精实创业"观念从最小可行的商业模式降低初期投入风险

美国硅谷是个创业圣地，以前很多硅谷软件公司在创业时，常会耗资巨大且费时多年，把一个软件做到非常完整后再上市，可是上市后顾客是否买单，就只能一翻两瞪眼，一旦失败，损失巨大。

后来在硅谷开始流行一种方式，就是先用最低成本，最快速度做出一个"最小可行"的产品版本，除了最核心的功能以外，其他功能没有也都没关系，关键是"快速将这个产品放到市场上的测试反应"，通过市场的回馈反应后，下一个版本再做出修正，或是果断放弃该产品，这种模式就称为"精实创业"（lean startup）。

用精实创业的方法，你的任何事业都不必一开始就做出巨大的决策，从最小可行的商业模式开始一步步调整优化，事业起步的风险就可以降到最低！

高手的提醒

创业一定需要投入资金的认知已经过时了，在当今知识经济的时代，斜杠青年并不需要资金就可以通过合适的平台或媒介来把自己的知识与技能变现。就算真的需要资金，所需的门槛也不像过去那么高了。

CHAPTER

资源平台篇

自我投资与学习，才是无限成长之路。

30
如何挖掘成功者内化于心的知识和经验？

可以先模仿业界最顶尖的人，刻意练习成功者的知识和经验。

模仿业界最顶尖的人，结果不会太差

高尔夫球界，有史以来最负盛名的一位顶尖高手——艾德瑞克·"老虎"·伍兹（Eldrick "Tiger" Woods，"Tiger"是他的绰号而非本名），他自 1997 年首获世界排名第一以来，就蝉联冠军宝座超过六百五十周，创下高尔夫球史上最高纪录。

在我那个年代学习高尔夫球，许多教练最常见的做法，就是要你观摩老虎·伍兹的挥杆动作影片（当然里面也会有慢动作和局部特写慢动作），因为"模仿就是最快的学习方式"，市场上常说：只要你每一次的挥杆动作做到相似于老虎·伍兹时，你得到的成绩也不会差太多。这就是一种刻意练习。

成功者的知识和经验需要你主动挖掘

并不是所有的能力都是形于外的。职场上所需的能力，尤其是成功的斜杠青年所需的能力，许多是无法从外表看出来的。你最好的学习方式就是去努力找出该领域的成功者，去认识他们，通过频繁地接触或观察这些人的思考方式、作品或作为来模仿他们成功的模式。

你可能会觉得："这些成功者都很忙，或者高高在上，并不会理我呀！"这不会是赢家该有的思维模式，在本书的第二十八个问题："如何缩短累积个人知名度的时间"有提到"群聚效应"：每个领域的成功者往往需要其他人一起合作，他们是打团体战而非靠自己一个人。你可以毛遂自荐成为优秀团队的一员，或成为合作伙伴，或加入他们常常活动的社团与组织。

现在网络社群如此发达，每个领域的成功者几乎都会在网络上的相关社群当中活动或者曝光，你可以主动加入那些社群，除了可以更频繁地看到该领域成功者的动态之外，也能够从这些成功者所选定参与的社群当中接触其他更多活跃在这个圈子里稍有所成的人，增多你学习和观摩的对象，甚至结识这些人。

如果我不够优秀，别人会愿意教我吗？

有些人会因为自己刚踏进一个新领域，默默无闻，也尚无任何经验，甚至觉得自己不够优秀，因而担心找不到其他优秀的人可以协助。在撰写此书之前，我事先在网络上几个大型社团当中票选了"台湾最成功的斜杠人士"（不限年龄），票选出来的结果，大家认为第一名的是前亚都丽致集团总裁：严长寿，他目前的身份是公益平台文化基金会董事长／景文科技大学公益董事／台东县私立均一中小学董事长／慈心华德福教育实验中小学董事长／亚都丽致大饭店旅馆总裁／台湾观光协会名誉会长。

严长寿基隆中学毕业，从在美国运通担任传达小弟开始做起，由于职场的优异表现，往上晋升到美国运通台湾区总经理的位子，后来接受美国运通办公室房东周志荣先生之邀，跨入饭店观光业，成了亚都丽致饭店总裁。他在台湾出版有将近十本的著作，每一本都脍炙人口，他就是一个起步低，一路凭借惊人的毅力苦干实干，从基层爬上来的成功典范。

在前述票选获得前二十名的成功斜杠人士当中，除了严长寿之外，也有好几位的学历不高，刚走向社会时起步很艰难辛苦，但是如今却是大家眼中最杰出的斜杠人士。"优秀"是事后的结果，不是人格特质；"诚实""好的品德""奋发向上""脚踏实地"这些才是人格特质与人生态度；态度会决定高度，这些好的特质最终会成就好的结果（优秀）。在我们三位作者的眼中，没有不优秀的人，只有不努力的人。

在本章的后面几个问题，主要进入斜杠青年所需要的资源与平台相关的问题讨论，您可以接着研读，相信可以找到许多实用、甚至免费的资源。

高手的提醒

　　积极乐观的态度，以及常保善良与谦逊的心，将会是你进入每一个领域获得"贵人缘"的最好基础。物以类聚，人以群分，你只要持续保持正能量，并且让别人感受到你对于学习的热情，自然就会吸引对的人来协助你，甚至指导你。

31
如何从遍地的交流中心里，累积"软实力"？

斜杠的实体交流多半是通过课程、研讨会、交流会进行；
虚拟部分的网络社群是最有效率的信息经验交流中心。

各类型的斜杠交流中心简介

事实上，近两年来各种类型的斜杠交流中心如雨后春笋般出现，但性质或许有些不同，着重的方向也有些许差异，通常是通过课程、研讨会和交流会的方式来进行的，建议你可以选择适合的参加。借由特定主题吸引不同类型的人参与，分享彼此经验，在交流中寻求人脉的拓展以及跨领域的认识，这样的知识经验交流中心，大致上可以分成几类。

1. 文创类

从事文创相关的人才通常是个人工作者，他们有着特有的个人专长，你可以从中开启对文创产业的想象，从旅游规划、英语教学到主题露营、能量医学，等等，几乎包罗万象，参加过后，会深深觉得高手在民间。这样的交流中心越来越多，例如"长宽高文创交流中心"。

2. 工作空间类

这种工作空间通常已经有很多不同类型的斜杠高手进驻其中，在此交流的好处是可以得到更多过来人的经验，跨界合作的模式在此更容易延伸。这样的工作空间交流中心也越来越多，例如工作空间"Kafnu"。

3. 创业中心、加速器类

这类中心通常是大企业和政府所支持的，优势在于有创业经验丰富的导师或业师传授创业的流程和经验，甚至对于所需资源和人脉给予实质帮助，加速产品成功进入市场。这类交流中心也越来越常见，例如：各大学新创中心（例如台大和新竹交大都有）、政府合作的新创中心（例如"新北创力坊"）。

4. 财团法人、民间协会

这些机构经常会举办活动或特定课程协助青年创业，同时也可了解政府有哪些协助创业的政策。例如，青年创业家发展联盟促进会（简称青创会），青创会在各地也陆续成立区域型的协会，举办的活动和提供的资源越来越广泛，值得善加利用。

网络社群是最有效率的信息经验交流中心

相较于实体的交流中心，不同类型的网络社群讨论问题的深度和广度往往超乎想象；再者，因为互联网不受时间与地域上的限制，更容易聚集上千人甚至数万人参加。

由本书作者以及协作者们联合创立的脸书社团"斜杠青年/Slash"已达数千人参与，每天都有各种与斜杠相关的知识经验分享，互动讨论也很频繁，只要你愿意加入交流，社团当中的许多有经验的高手，都不吝于分享他们的个人经验和观点。

> ——张尤金这样说：
>
> 善用社群网络与人脉资源。以运动写作为例，脸书的粉丝团和社团可串连同属性的多职工作者，再从网站编辑、杂志主编去拓展人脉与视野，发掘自己的优势。

在过去以实体运营为主的行业，都有各式各样的同业公会，以知识经济时代为主轴的文创产业或知识型创业则普遍以网络上的社群作为交流中心，建议你多参与这些社群（可视为新形态的协会）来拓展自己的人脉资源，减少自己摸索与碰壁的时间。随着未来人工智能与机器人、物联网等创新科技的逐渐普及，人们在纯技术或纯知识上的竞争力将越来越容易被取代，反而在人性化相关的经验与能力（例如人际沟通、创意思维、情绪管理）方面的重要性逐渐提高，而这些以人独有的情感经验为核心的社群未来价值也会相对提高。

有清楚的目标和热情，自然会有贵人相助

参加交流活动固然是一个快速了解跨界的路径，但不要忽视，通过你的热情和达成目标的决心，你也会感染到和你接触的其他人，在平常的朋友聚会或机缘巧合认识的朋友中，你不经意的想法往往也可以得到意想不到的回馈。因此，除"外界资源"（例如交流中心）之外，"内在力量"（你的热情、冲劲、创意、幽默、正能量）是你独具一格、吸引外在资源向你靠近的核心优势。

随着全世界科技的进步以及财富的累积，大型企业已经越来越不缺乏资金，而是缺乏投资机会，许多高资产人士也面临相同的问题：利率越来越低。在各类资产的投资回报率越来越低的情况下，缺乏的是值得投资的人才，你在学习的过程当中，不要只学"硬知识"，也要强化"软实力"，因为知识容易被复制，而实力难被取代，在人工智能与机器人尚未被大规模运用在职场之前，快快累积自己的软实力吧。

高手的提醒

交流的目的是让彼此都有收获，如果你只是单向的想要吸收别人的知识与经验未必能达到最佳效果。敞开心胸以及积极展现你的热情将为你带来更多机会，不要吝于在交流中贡献你的能力，提出你的观点，伯乐无所不在，只是千里马难寻，如果你想要出类拔萃（outstanding）那么请先站出来（stand out）！

32
如何在无限成长之路上，学习"硬知识"？

自我投资，自主学习，才是无限成长之路。

大家都会的，你就更难有发挥空间了

学校教育教给我们的知识很重要，不过多数都属于"基础知识"，可以说那是"硬知识"，在相关"软知识"（或者俗称为"软实力"）上，我们却一无所知，例如：良好的沟通能力、时间管理能力、环境适应能力、业务能力……学校老师几乎没有教，甚至没有教我们如何做好的简报，如何与同事相处，跟老板沟通，但这些却是我们离开学校之后最重要的谋生技能。当然，学校也不会教你如何当个成功的斜杠青年。

不是学校教育的问题，软实力本来就是在踏入社会后，从实务经验累积内化而来的。安纳金常说一句话："你能够复制别人的知识，但无法复制别人的能力，因为能力是通过刻意练习而来的。"也因为软实力并不是在学校靠教育就能学到，这使得莘莘学子毕业之后的发展，好坏差距千里。在学校，成绩高低落差往往不过是五十分到一百分之间的差距，如果 A 同学说他的成绩比 B 同学多一倍，那可不得了！但是到了职场，彼此间差异水平会更加放大，到了退休的时候，每个人累积的财产高低差可以达数十倍到数千倍之间。

在本书的第五个问题："福布斯 30 under 30 精英都有哪些能力？"有提到几种对斜杠青年非常有帮助的能力，都不是学校会教的，甚至踏入社会之后有意寻求到这类专门的课程去"上课"的，选择也不多。但换个角度思考不难发现，只要找到学习方法，或者有人愿意教你，可以确信的是，你在这方面的知识或能力，就会远远超过其他不得其门而入的人。

自我投资、自主学习才是无限成长之路

除了多加尝试去接近成功人士或成功的团队之外，另一个不求人的方法就是通过自修的方式，从研读相关书籍或课程当中来学习，这也是大多数刚踏入新领域的年轻人常见的良好起步方式。

然而，一个人的时间有限，如何在更短的时间内获取更多的学习效益呢？强烈建议你先学会"好的学习方式"，然后再开始学习。这边提供两个安纳金亲自使用多年的秘诀，且已经被市场上多数成功者广泛验证为有效的方式。

学习法 1：雪球速读法

当你拿到一本书的时候，并不需要从头开始逐页看，而是先在书店看作者序（或者前言）、目录大纲，了解这本书想要传达的核

心思想以及书的架构；第二步是很快地把每一章节的大标题翻过一遍，知道每一章节提到哪些主要重点；第三步再从头开始翻过每一章节的大小标题……因为人的视觉印象会帮助你对整本书有越来越多的了解，就像滚雪球般，帮助你对整本书越来越清晰的理解，即使你根本没有细读过每一章节的内文，却已经掌握到一本书的重点。不要因为买了就想要整本书全部读完，没有效率而且很容易半途而废（你的书架上是不是很多书都只看不到 20%，就晾在那里蒙尘生灰了）。

建议可以在 YouTube 搜寻"看书十倍速！速读真的这么神？《雪球速读法》（囧说书 S2EP8）"这是相当棒的一段影片，安纳金已经推荐给许多粉丝使用，大家赞不绝口啊。

学习法 2：聚焦投资法

股神巴菲特说："投资应该像马克·吐温（Mark Twain）建议的那样，把所有鸡蛋放在同一个篮子里，然后小心地看好这个篮子。"指的是与其分散注意力在不同的领域，倒不如聚焦在某一个领域，可以得到更好的成果。

假设你选择学会投资理财，然而此领域涵盖的太广了，有股票投资、基金投资、ETF 投资、外汇投资、债券投资、期货与选择权、权证……如果你要梧鼠技穷式地学这么多不同领域，效果肯定不好。你要先拟定出优先级：确定先学会哪一种？如果是股票投资，其他的就先不要花时间研究，否则就会出现在金融市场什么都碰但什么都不精的结果，最终就是买什么赔什么。

股票投资本身就是一个很广的领域，还分成总体分析、基本分析（或称为财报分析）、技术分析、筹码分析，你最好先选定其中一种深入发展，其他次要的将来有机会遇到了再学。"先建立一条稳定的单杠，再慢慢加上一条一条的斜杠"往往就是成功概率最高的一种发展模式。

高手的提醒

巴菲特有关聚焦的智慧，用在投资上是如此，在生活中亦是如此。别忘了，时间是比金钱更宝贵的资源，你要学会如何投资金钱，更要学会如何投资时间，把时间投资在自己的能力发展上，深耕某个领域是最佳且最有效率的投资。

33
如何有效运用那些免费的资源或工具？

免费的资源或工具可从网络取得，或由大型企业及非营利的机构提供。

免费的最贵，人生苦短，时间有限

人生苦短，我们每个人的时间都很有限（逝者如斯，不舍昼夜），千万别只是因为不想付费，而把时间都花在看免费的资源或使用免费的工具上。当你为省钱锱铢必较，耗损了太多宝贵时间（真正值钱的是时间，千金难买寸光阴）会亏更大。

我认识的许多不同领域的大赢家，并不太使用免费资源或工具，主要有两个原因：一分钱一分货的认知以及追求卓越的习惯。

首先，他们深知"工欲善其事，必先利其器"的道理，宁可付费使用高质量的资源和强而有力的工具来帮他们达到最高的产出效能与质量。你必须为个人产出质量与个人形象尽可能达到高水平，如此严谨自我要求，在获得的总收益和回报上也绝对会超过他们所付出的成本。现在人们的生活水平提高了，很多人愿意用高价去享受高质量的产品和服务，不想花很少的钱买到不堪用的次品而生满肚子的气。

其次，赢家们也普遍有追求卓越的习惯，如果不是最好的，他们宁可不要也不愿意做——往往是这样的特质与习惯造就了他们，成为赢家。

免费资源与工具何处寻

整个市场是有效率性的，往往一个东西有多少价值会反映在它们的市场价格上，有时候并不是没反映，只是时间未到，也就是说，初期是以试行与试用的阶段来扩大潜在客群，同时累积知名度，等时机成熟了才会开始收费。这是第一种常见的免费资源与工具供应来源，如果你发现这些好东西还没开始收费，尽管善加利用，因为你可能就是该创新产品或服务的早期采用者（early adopter）！

第二种常见的来源是目前市面上由多数大型企业所提供的免费资源或工具。他们的商业模式并不是向用户收费，而是通过收取广告收入或者向上游供货商收费来创造利润。例如，我们每天在使用的 Google 搜索平台、Facebook 社交网站，你可能从来没有付过钱给这些公司，但他们可是全世界最赚钱的公司，他们把你最宝贵的眼球专注时间卖给了广告商来收费，在此单元也会一一介绍如何善用这些资源与工具。

免费资源与工具的第三大来源，是由非营利机构所提供的，例如政府单位、慈善公益团体或者民间的其他社团法人的非营利组织等，他们并不是以营利为目的，提供的资源与工具也是不收费的。但是必须要提醒的是，由于少了营利事业的竞争压力，质量通常也就较缺乏竞争力，无法与市场上强而有力的资源质量相比。后续也会介绍几个实用而且高质量的免费资源。

互联网就是最佳的免费资源

免费资源 1 Google

Google 庞大的数据搜索能力几乎可以帮你找到大多数所需的信息、知识、甚至别人的智能，而且并不需要付费给 Google，如果善加利用可以节省不少自己的时间或费用。Google 还有提供"Google Drive 云端硬盘"的免费储存空间（目前为 15GB），"Google 文件"提供网络共同协作文件的平台，"Google Translate"免费翻译（支持全文翻译）等免费服务，这些都是个人目前有在使用的免费工具。

还有一个不错的工具是"Google 快讯"，相对较少人使用，这是 Google 提供的一个免费订阅服务，使用方式如下：

步骤一：先用 Google 搜寻"Google 快讯"这几个字，就会找到相关的链接，点进去会出现〔图 33-1〕的画面。

步骤二：在最上方输入你想要持续追踪订阅的关键词，例如"斜杠"，然后点选〔图 33-1〕当中椭圆形圈起来的"显示选项"，可以进一步做细部的偏好设定。

步骤三：在〔图 33-2〕当中设定你所希望的频率、来源、语言、地区、数量、传送地址等细节。个人建议"最多每天一次"就好，来源设为"自动",语言设为"中文",地区,除非你也关心国外地区的相关讨论,否则设定"中国"就好,"数量"则选最佳搜寻结果,否则信息量会大到你无法消化吸收。设定好之后就按下左下角的"建立快讯"。

〔图33-1〕 Google 快讯的免费订阅服务

　　步骤四:在〔图33-3〕当中设定你所希望的接收时间,以及是否需要每隔一段时间由 Google 汇整一份摘要给你。这部分要看每个人的习惯而定,建议你可以先做初步勾选,假以时日自行评估是否合适,再适时调整这些设定。

以上设定完成后按这里

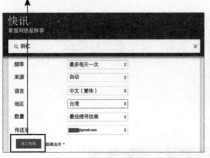 

〔图 33-2〕 Google 快讯的免费订 〔图 33-3〕 Google 快讯的免费订阅
阅服务相关设定 接收时间与摘要

〔图 33-4〕 台湾的免费资源网络社群
数据源：https://free.com.tw/

免费资源 2 Facebook、Instagram、YouTube、LinkedIn 等社
交媒体

这些常用的社交软件目前都是免费的，而且使用人数众多，若
你还没使用过的话，建议先询问目前属于重度使用者的好友，才能
够缩短摸索与上手的时间，甚至于可能根本无须虚掷时间在某些社
交媒体上，这必须要咨询非常熟悉这些平台的好友意见才会知道如

何取舍。时间是我们最宝贵的资产，千万别为了使用这些免费资源而浪费了自己的宝贵时间，那得不偿失。

善用图书馆、博物馆、美术馆

对于斜杠青年来说，来自政府单位所提供的最好资源就是图书馆、博物馆、美术馆等大型的设施。图书馆的部分，建议优先到总馆，会有比较丰沛的藏书供你阅读参考，除非真的距离太远交通不便才选择分馆。

至于博物馆、美术馆，虽然你目前的本业或将来想要走的斜杠路线和艺术并没有直接关系，但我仍诚挚地建议你偶尔走访这些地方，因为将来人工智能和机器人逐渐普及之后，人们的工作时间可能变少，休闲时间变多，而这些无法由机器人产生的艺术品或者历史文物就更会被人们珍视。通过偶尔的巡礼，欣赏这些艺术品或文物，博物馆或美术馆不定期所举办的展览往往有助于触发你的灵感，同时也可以帮助你了解那些有钱有闲的人们喜欢什么，他们的品位与生活的样貌，这些将来都可能是你的财源。

当然，你并不需要为了去而去这些地方，当你工作繁忙一阵子之后，可以保留半天或几个小时的时间参观这些地方，将有助于舒缓你紧绷的神经与压力，同时也帮你原本过度专注在狭窄领域的心灵获得舒展的平衡。

高手的提醒

对斜杠青年来说，最宝贵的是时间，不要为了省钱而浪费时间，更不要耗费过多的时间在社交软件当中做没有建设性或无意义的闲聊。除非是真的有事情要谈，有问题要请教，否则应该要适时的远离社交媒体（至少不要动不动就去查看），有效运用时间是现代人首要的观念之一。

7

CHAPTER

蓄势起步篇

"限制"其实可以激发一个人无限的潜能。

34
跨界从本职还是从兴趣延伸？

　　无论是职场新鲜人还是已经在职场上打滚过的人，寻找自己拥有热情的领域深耕发展，绝对是加速达到自我实现的一种快捷方式。

给刚步入职场的社会新鲜人

　　对于刚进入职场，或者起步还没有很久的年轻人，我的忠告是：你应该把本业做好，树立形象，努力扩大本业的收入。因为本业的成功往往会让你有舞台来展现出个人的多元才能，创造出人生的更多附加价值。而这些多元才能与附加价值，往往就是更多的潜在收入来源，这些附加价值有可能仍在你原本的本业之内，也有可能属于业外。

　　我认识一位喜欢画画的年轻小女生，画画是她的兴趣爱好，尽管她本职工作并不负责做画画的工作，而是行政相关事务，因缘际会，公司需要设计一款贴图，而同事知道她喜欢画画，决定先不委外设计而是交给她试试，结果获得肯定，被公司直接采用作为公开的贴图。

无论公司是否会给她奖励金，还是在年度考评当中加分，那都不是最重要的事。因为人的知名度和创造的价值是会累积的，在公司内部，会因为展现出了一项优异的才能而被认为具有附加价值，无论这个价值有没有马上变现，都将提升她在公司内的"总价值"，总价值越高的员工，当公司有新的机会新的发展时，往往具有较高的同侪竞争优势；反过来说，在公司遇到困难而必须缩减人力或控制预算时，具备最高总价值的人（薪资可能还没充分反映出这价值，也就是相对成本低），被留下来的概率也相对较高。

　　重点来了，当她在脸书上分享公司的贴图（这本来就是公开的、希望被广泛散播的营销利器）被我注意到，她的作品是我喜欢的风格，因此主动邀请她担任我一些软性文章的插画家，愿意用很优渥的报酬来补偿她在假日闲暇时间帮我画这些插图。画画是她的兴趣，她能够在闲暇时做自己最感兴趣的事情，又因为帮助朋友而获得额外收入，同时也增加自己作品曝光的机会，何乐而不为呢？

　　未来职业生涯的重要发展趋势之一：未来企业的经营，为了控制成本，专注在核心竞争力上，会将越来越多的非常态性需求外包给外部厂商或是接项目的个人工作室。这也使得具备才华与能力的人有更多的机会获取本职以外的收入来源。我们也可以说，只要拥有核心能力，将来不管职场如何改变，这些核心能力都将确保你有收入来源，不用担心没有工作。

给已经在职场中历练过的人

大多数的成功人士都容易接受大众传媒访问，就算没有在公开的媒体曝光，也可能在小众群组当中略有名声（例如：脸书社团、小区组织，或因特定兴趣而组成的聚会或团体等），在小有名声之后，发表自己的意见就很容易被看到，知名度就是这样渐渐打开的，从小群组内到小众媒体，再逐步扩展到大众媒体，最后成为某一个领域的成功人士或者意见领袖之一。

这意味着，将自己的才能在本业当中发挥到极致，让自己在本业当中拥有发声权，有话语权（你讲的话有人想听），你要借由这些知名度与人脉来展现出你多元的才能，被市场接受度相对较高。靠本业的声望来支持你展现多元才能与多元价值是一种快捷方式，但前提是，你要先有很强的单杠来支撑起你的斜杠。

这种成功案例不胜枚举，就以本书作者之一的爱瑞克为例，他本职是金融投资专业，因为在本业的能力受到肯定，收到来自各大金融机构、校园、小区大学、甚至民间机构演讲邀约，从 2001 年至今的十七年期间，已经累积超过八百场次的中大型公开演讲的经验，从"投资的专业"跨到"演讲的专业"，从一种核心能力发展成为两种核心能力，因此萌芽多出了一个斜杠。

有热情才能在职场上发光发热

对于自己的工作有没有热情是骗不了人的，你的同事、你的老板、你的客户都知道。如果把自己放在一个缺乏热情、没有兴趣的行业或职位上很难出类拔萃，充其量不过是为了一份稳定的薪水而已，但这样的"稳定状态"肯定不会太久，因为随着科技的进步，职场变革速度越来越快，那些"只求一份稳定薪水"的人最可能率先被淘汰，因为就算你可以伪装一阵子，也无法伪装一辈子！

我给职场新鲜人的一个忠告就是尽可能寻找自己拥有浓厚兴趣、想热情投入的行业起步，而且是不用任何人督促，都会主动想要不断探索、学习、向上成长的那个领域。唯有对该领域拥有热情，才会让你不断地投入时间与精力在该领域中不断精进，这样脱颖而出，出类拔萃的概率才会高。

如果是已经在职场当中工作了好几年的人，对于现职缺乏热情，这是一个警讯，我们必须主动积极正视这个警讯，采取必要的行动：检视自己的核心能力是否在这个职位，避免放错位置而造成自己和公司的损失。当确认自己核心能力不在现职，如果合适，跟上司沟通看看是否有内部调动的机会（说不定他会说：我等你这句话好久了）？如果不合适（一问就会被视为不满现职／不忠于公司／可能已经在外面找公司／随时准备要走人），另一个可以善用的渠道就是，人力资源部门当中跟你比较熟的朋友，通过他们帮你想想办法。如果没办法，那就只好靠自己思索有没有可能从现职当中延伸出展现自己核心能力的机会，如果也没机会，那么真的是你认真考虑转换跑道，转往真正热情所在的领域了。

高手的提醒

　　无论是职场新鲜人还是已经在职场上打滚过的人，寻找自己拥有热情的领域，深耕发展绝对是加速达到自我实现的一种快捷方式。兴趣能不能够当饭吃？如果你找到一个符合兴趣又是你核心能力的领域，当完全融入事物时，不吃饭都会拼命做，经过一定时间的累积实力，你的成功几乎是必然的。

35
如何找到志同道合的人才？

你得先做出成绩才能吸引优秀的伙伴。因为没有人想要猪一样的队友。

要走得远，你需要同伴

非洲有一句谚语："要走得快，你一个人走；要走得远，你需要同伴。"这是数百年来的前人智慧，应用在职场或个人生涯发展都依然受用。在非洲大陆上，你会遭遇到极端恶劣的环境，例如滚滚黄沙的沙尘暴、迷路（沙漠中可没有地标建筑给你辨认方向）、甚至蛇蝎猛兽，等等，自己一个人走，往往走不到目的地。

未来是没有人到过的未知与茫然，人生是一场漫漫旅途，旅程中一定会遇到许多自己无法解决的问题，你会需要有伴同行。即便你在一家大公司工作，拥有公司上上下下的各种资源，尚且需要团队合作了，更何况是离开了公司，成为自由职业者或创业者，当然更需要伙伴相互帮忙。

打团体战是素人赢家们的成功要素

根据 Socialblade.com 于 2018 年 4 月 17 日最新公布的"台湾 YouTuber Top 50 名单"（依据订阅人数排名，扣掉品牌、媒体、艺人等频道后，选出的网络原生素人频道排名），观察前十的榜单（参见下表），我们可以发现，他们几乎都是团队运作，而不是一个人做起来的。

台湾前十大 Youtuber 的年收入几乎都超过一千万新台币以上，团队作战利润当然要成员共享，如果靠自己，必然打不进前十名。合力把饼做大，再把饼分着吃，可以说是以前工业时代成功的商业模式，如今跨入知识经济时代也一致通用。如果你想要一人独吞整块饼，那么很抱歉，肯定连饼都做不出来！

——李柏锋这样说：

单打独斗没有不好，一开始不一定有资源或机会可以找到对的伙伴，找错人常常比找不到人更糟糕。

当然，有伙伴速度可以更快，自己一个人难免分身乏术，所以从这个角度出发，就会发现找伙伴最理想的方向是互补。

举例来说，如果你是一个文字工作者，也许你认识的都是文字工作者，两个文字工作者一起创业，适合吗？其实也是有好处，例如你赶案子的时候，伙伴可以帮忙。但是这样的合作并没有解决什么问题，因为可能你们两人都不懂提案、谈判、接案，也不懂法务、财务，不仅商业机会扩展不易，还时常吃闷亏。

专业技能上互补、互助、互利，这是寻找伙伴的先决条件。但

台湾 YouTuber Top 50 名单

排名	频道名称	订阅数（万人）	总观看数（万次）	影片数量	成立时间	类型	上季排名
1	TGOP 这群人	250.0233	48049.0653	153	2008/6/7	娱乐	1
2	蔡阿嘎	171.7603	37477.358	506	2006/6/3	娱乐	2
3	阿滴英文	151.949	9676.1853	286	2015/1/11	教育	4
4	阿神	145.106	46742.1285	3221	2009/5/11	游戏	3
5	圣结石 Saint	124.5802	31147.754	313	2013/6/10	搞笑	6
6	放火 Louis	119.1291	13405.0057	186	2012/9/1	搞笑	7
7	重量级 CROWD	111.0242	26989.2999	292	2016/9/18	搞笑	12
8	菜喳	110.4794	27729.2325	401	2007/7/3	游戏	9
9	鱼干	110.2155	16448.2646	331	2012/8/5	人物	8
10	安啾咪	109.4361	12732.8384	158	2011/10/15	人物	10

资料来源：Socialblade，统计至 2018 年 4 月 17 日

是要走得长久，那就要具备相同的愿景了，否则你们会很容易因为一些枝微末节的小事而拆伙。所以，你自己要先有愿景，才有机会去找到相同愿景的人。假设我要创业的话，我的愿景会是"提供理财信息，把投资的主导权还给投资人"，而你的愿景可能是"提供理财信息，让投资人可以轻松投资"，这两种愿景乍看之下很接近，但一个是鼓励学习与思考，一个是帮忙省时间、省力气，是不同的方向，就不适合长久合作了。

你要先做出一些成绩，才能够吸引优秀伙伴

如果你想要找到"志同道合的人才"作为你的伙伴，那么你自己必须先做出一些成绩，让别人看得见你。当你处于"什么都不是"（nobody）的无名小卒状态时，除非是原本就认识你的亲朋好友，否则别人无法知道你的"志"和"道"是什么，如何言及合作呢？

人生就是一连串的试验与碰撞，经由历练累积而成长。初期，在你默默无闻的时候，汲汲营营寻找伙伴是没帮助的，因为害怕被拖累，没有人会选择一个不甚了解的伙伴，所以江湖上人们常说："不怕神一样的对手，只怕猪一样的队友。"这句话可是其来有自，道出了人们的心底话。初期你无法靠"知名度"来帮你吸引志同道合的伙伴时，得靠自己主动出击建立与别人的互动交流，来探询是否有携手迈进的可能性。

寻找名师或知名企业投靠是一种快捷方式

在过去没有互联网的时代，上一辈白手起家的创业者们，多半

都是靠"师徒制"培养自己实力，通过"民间社团"寻找志同道合的优秀人才，借此来累积自己的人脉。"名师出高徒"这句话体现了千百年来不变的智慧，选择在名师门下工作，自然更容易找到技艺精湛的高徒可以相互合作，把饼做大。

到了知识经济时代，这个方法依旧行之有效。你可以主动接触，寻求领域当中比较成功的人士（或者成功的企业），从基层做起，一方面累积自己的实力，另一方面累积优质人脉，寻找团队合作伙伴一起出来创业的机会。

此外，也因为有这些成功人士（或者知名企业）的知名度当你的后盾或靠山，同行中的其他业者往往会带着尊敬和友善的态度来和你互动，甚至想要主动找你谈合作（他们看中的是你背后的资源），你的机会自然比其他人还要多。

善用互联网上的大型平台

至于民间社团，在台湾传统的民间四大社团都是有不少中小企业老板或杰出人士们参加的传统社团，不过在知识经济时代，互联网上的社团渐渐成为知识青年们群聚的主要平台。

Facebook 的社团是现代知识青年聚集的场所之一，因为这个平台符合了"宅经济"的潮流，以及"二十四小时营运"的优势。目前在 Facebook 上，只要输入关键词搜寻你想要的主题，几乎都可以找到这一类的社团或者粉丝页。借由在平台上与同好者多多的互动，也是延揽其他志同道合者的另一种快捷方式。

36
年龄限制了你的可能性么？

年纪大不一定是劣势，重点是不该限制自己的格局，
应让自己看得更远，懂自己的优劣势，找出可以突破的机
会点。

把人生的制高点拉高，看得更远

投入职场多年的人，虽然拥有比年轻人更多的经验和人脉，但
在别人眼中，人生似乎都已经定位，大家对你的期望并不会太多，
以投资角度来比拟的话，属一个低市盈率的优质股票，虽然稳健，
但高速成长的空间有限；相对地，年轻人具有创意、有冲劲、积极
进取和学习能力快等特质，别人赋予他超乎现有能力的发展空间去
磨炼学习，由于处于高成长、高潜力的阶段，因而享有较高市盈率。

工作上，老板决定你的考绩；人生上，只有你自己可以衡量你
的人生价值，斜杠的精神在于人生多元发展，而不是去过着别人眼
底下的人生。其实年纪不小的人尝试的空间比自己想象得大，有经
济基础、有人脉、有经验、有想法，这些条件都不是年轻人可以相

比的，关键在于你是否能够以热情与创意将这些优势资源整合起来，发挥出高创造力的价值。

或许有些人会问，如果失败不就没办法回头了？事实上，一旦有从头做起的考虑，这样的思维就犯了一个退休族或较大年龄层常犯的错，就是用孤注一掷的思维去转行或投资；犹记得在过去的年代爆发过的许多吸金案，就是利用退休族害怕失去工作重心又想要收取固定收益的心态来进行诈骗，结果一群受害的退休族亏光所有的积蓄的典型。因此，发展斜杠的重点在于，正确的尝试方法和健全的心态；有家庭的人必须先预留至少两年的家庭支出费用，让家人放心，在无后顾之忧的状况下施展抱负。

你不一定要进入减法的人生

有一定资历的人常常陷入一种困境：选择很多，但限制也很多。例如，资深工程师，觉得自己可以写程序、研究人工智能、做程序教学或开咖啡店，等等，但等到要开始时，却又踌躇于年纪太大比不过年轻人，开咖啡店竞争太多，人工智能要从头学起。一个人选择太多时，最好从你的核心能力和已经有的人脉，或培养已久的兴趣着手。

老黑（田临斌）是一位我很欣赏的活出多元人生的典范。他四十五岁时，事业正达高峰，因体悟所做非自己喜爱之事，为了实现自己多年的梦想，选择自外商石油公司总经理职位退下，成为一个街头艺人、专栏作家、旅游达人。他的选择其实是多年来深藏在内心的渴望，且已经酝酿和培养已久的兴趣。

通常人们过了五十岁或退休之后，会觉得已经很了解自己，对于某些自己不擅长，或者过去没想要尝试的领域，也就更加缺乏尝试的动机。

我很佩服台湾的一位鬼才导演卢建彰，他是广告导演、诗人、小说家、作词者、文创讲师、跑者，同时也是许许多多知名广告作品背后的主要推手，他说："跑在去死的路上，我们真的活着吗？"

人生的下半场，有些人可能会不自主地开始进入"减法的人生"，由于考虑到健康状况或者活动力下降，去的地方越来越少，吃的东西也越来越少样，或者逐渐固定在较习惯吃的食物种类上。然而，根据脑神经科学研究显示，人们没有用到的神经回路会被修剪掉，而越常使用的神经回路就越会被强化。

所以，失智症多半发生在过去生活规律、一成不变的人身上，因为他们习惯了每天做相同的事情、走相同的路、吃相同的东西，以致脑中的神经元回路数量越来越少，而存留下来的回路则越来越强固，以至于对环境的变化逐渐失去了适应能力，最可怕的则是失智，当我们渐渐记不住东西，记不住过去，甚至记不住家人，那么就会像是和家人在茫茫人海中走失了一样，永远找不回来。如果你希望到了年老的时候，有满满的记忆可以作为回忆，那么我建议你不要让自己进入减法的人生，因为难得可以走这么一遭，如果最后什么都不能带走，也要带着满满的回忆离开。

高手的提醒

将年纪大转换成你的优势，而非弱势。平时多方位培养兴趣，现在当红的工作并不一定适合你，从认识自己出发，自然容易找到人生下半场想要扮演的角色。

——关于年龄大，似乎错过尝试年纪，他们这样说：

江湖人称S姐

曹操是谁？他其实是个军事家，政治家，还是个诗人；他到死之前都是斜杠。

只是上个世代，工业化社会把人分类变成一条线而已。

心态决定一切，别让年纪限制你的思维模式。

邱沁宜

永远不要让年纪框住你的可能性。张忠谋都可以在五十六岁才创业，并且让台积电成为全球半导体龙头！说明重点是无论几岁，都要保持对生活与学习的热情！

李柏锋

首先，我们都要承认，运气在我们创业的过程中占了一定的分量。那么，年纪大或小其实就不太重要了，年纪轻的人也许对新趋势的接受度和熟悉度比较高，但是年纪大的人也因为人生经历而对新趋势可能面临的挑战与风险比较了解，到底谁比较有优势，还很难说。

既然如此，不管你年纪大或小，也不管你性别是男是女，都不该成为阻碍你的理由。相反地，你应该要好好盘点一下，你的优势或专长。说不定换个角度看，年龄反而会是你的优势。例如，年轻人可能没认识几个有消费能力的高资产客户，但是年纪大的人身边也许就有很多这样的朋友；又例如，年轻人的确比较了解最新的网络社交平台该怎么使用，但是如果你不是倚老卖老让年轻人讨厌的那种长辈，你只是无私分享过往的经历而不是下指导棋，也许能带给年轻人在生活上或工作上许多启发而大受欢迎。

重点真的不是年纪、性别、长相，而是你知不知道要如何盘点自己的优势和劣势，又知不知道从原本以为的劣势里面找出价值。台湾的知名画家刘其伟，三十八岁去看了画展之后，才开始自学绘画；知名的肯德基爷爷桑德斯上校到六十六岁还在领社会保险金，逼得他必须辛苦地走遍全国推销他的炸鸡方法、收取授权费。

黄一嘉

"啊？你三十岁了还要去当演员？"

在我决心辞去金融业工作，目标成为一位专业演员之时，身边出现了太多这种疑问的声音！但我清楚地知道，自己要走的演员道路跟别人是不同的，我不是去竞争小鲜肉的位置，更不是走着青春偶像的路线。

三十岁，可以扮演年轻爸爸、公司主管、甚至是强盗抢劫强暴犯……一出戏里头有太多不同的角色，并非只有青春帅气男主角。

于是，三十岁的我才进入知名剧团磨炼演技与基本功，真心想成为一位专业演员到老，至少还有五十年的演员岁月得以创作、磨炼。

不走一般人以为的道路，年纪当然更不是阻碍我的因素，反而成为我在演员工作上的助力。

甚至，三十以前在金融业、政治圈磨炼的生活经验，都能成为我作为演员的良好基础档案，运用在不同角色功课里，令我的表演相较于其他演员更加特殊，创造出个人特色而被观众记忆。

阙又上

除非是从事体力的职业选手，不然许多梦想跟年纪无关，里根七十岁当上总统，交出了美国评价不错的政绩。每个人内心或多或少都有一个想实践与完成的梦想，与其在内心翻搅，成为一个思想的巨人、行动的侏儒，终身抱憾，不如点燃内心的热情，勇敢地追逐，然后无憾！关注当下，每天一点一点地朝那个方向努力和移动，你一定是赢家。第一，你已经无憾；第二，一不小心，你或许就成功了！

37
如何建立"成长型思维"？

计划赶不上变化，应让自己置身于可以不断适应多变的环境，提早做好准备和保持开放的心态。

人生不须过度规划，只要学习适应变化

过去的工作重视的是稳定性，选择公司也希望可以朝向长远和稳健发展，但随着网络科技、共享经济和新科技的应用日渐成熟，未来的职场结构和我们过去所经历过的显然不同，我们越来越难以事先规划职业生涯，而是要掌握好能够帮助我们无论在何种职场环境下都能够顺利发展的核心能力。其中最重要的核心能力之一就是学习能力。

学习能力的涵盖范围广泛，若对于已经进入职场的工作者来说，要首先建立"成长型思维"，这与我们过去在校园内学习的过程，普遍在有意或无意之中被训练出来的"表现型思维"截然不同。在学校，比的是课业成绩为主，因此绝大多数的学生总是以"每一科考一百分"为目标，就连体育成绩、美术成绩、操行成绩、群育成

绩也都是用一百分当作目标，全部达到一百分就是最好的。

　　然而，到了职场上更需要"成长型思维"：目标不是设定于一百分，而是要持续比过去更优秀。举例来说，你今天打算要从台北开车前往垦丁，以"表现型思维"为主的做法，会事先查地图和地址、设定好路况导航，根据导航系统所估计出来的六小时抵达目的地作为目标，事后来看，如果能够比六小时更早抵达目标就令人满意；而"成长型思维"的做法，尽管也可能会使用路况导航系统，但是并不会以估计的那六小时作为目标，而是上路后尽可能地以自己最顺畅的方式开车，中途没有耽误时间，就会是最快抵达目的地的方式。

　　或许从台北到垦丁，在这一段大约六小时的车程为目的地的状况下，"表现型思维"与"成长型思维"的差异不大，然而，如果你是要环游世界一周，那么由于涉及的交通工具太多种类，而且气候条件、各国当地状况都很难事先预估，"表现型思维"要得到满意的结果会比较困难，而"成长型思维"则不仅过程比较快乐也容易达到快乐的结果。人生长达数十年甚至近百年，"成长型思维"的人，比较容易活得开心，活得更具意义。

　　"成长型思维"尤其适合工作形态属于非制式、非系统化的职场环境，例如具有创新性质的小说家，尽管收入不稳定，但是只要作品持续有新的灵感、新的创意，那么整个职业生涯发展就会相当好，这类的人由于平日已经习惯不稳定的职场生态，在环境变化大时，适应环境的能力会是最强的一群人。

　　面对未来未知的职业生涯生态，越是具有创意与人性温度的工作，就越难被机器与人工智能所取代，即使你现在身处在稳定的工作环境中（例如，大公司的职员或公务员等），保持多元的职场发展能力和创新能力，才是你职业生涯发展最好的规划。

——张嘉玲这样说：

对我来说，不是人人都要做斜杠青年，自己要先想清楚为何要多重职业？不管是什么状态，什么年纪，明确拥有"目标感"是件很重要的事。

我反而觉得，斜杠这种多重职业并没有你看到的这么美好，台面上那些让你美慕的多重职业者并非是大多数斜杠青年的常态，他们往往是在某一方面是很出众的，甚至在某一方面已经成为专家，其他领域不过是恰恰从这个领域延伸出来的而已，也就是说，你看到的不过是混得比较好的那些人而已。

相反地，每个人的精力都是有限的，对于所谓大家追求的"斜杠"，我更喜欢完全相反的词：匠人。他们认真在自己有兴趣的领域打磨，尤其我做的内容创业本质上就是"手艺"。如果为了成为多职而多职，反而是本末倒置了。

多职发展的各个阶段

在发展多职的各个阶段需要的是分析现状、了解环境、发现问题、改善问题的正向回馈思维，唯有透过不断反思和调整才能在多变的环境下生存，并稳健地走过每个阶段。透过本书，针对斜杠的五十个问题所提出的解决方案，相信这就是你迈向发展多职人生道路时最佳的参考指南。

想要多职发展的人，大致上会经历下面几个阶段：

阶段 1 自我评估：

了解自己的兴趣和拥有的技能，是否需要再学习？在市场上是否有竞争力？学习渠道和费用如何满足？这是一个认识自己和了解现状的过程，若是遇到困难，例如，经费不足或技能不足，可通过正向回馈思维，找出问题并加以改善。若属于个人能力的相关问题，参考本书第四章，可帮助你评估、协助你解决一些疑难杂症。

阶段 2 创意或概念形成：

这个阶段必须把创意和概念更具体化，多职工作发展的核心价值是什么？是否需要做跨业整合？许多细节的部分可以借由商业计划书（Business Plan）做更清楚的描述，让你的概念更完整。

阶段 3 建立服务或产品原型（Prototypes）：

这个阶段的目的在于，落实你的想法和创意，确立产品的原型，可作为和市场接触的基础，并且当成调整和改进的依据。

阶段 4 可行性评估和调整：

这个阶段你可以和业界成功人士多交流，了解市场并进行可行性评估，服务或产品上是否需要再做调整改良，也可通过网络社群或是众筹平台，了解市场接受度。

阶段 5 准备：

这个阶段要开始进行产品或服务上市前的所有准备工作，包括：原物料准备、人员招募和训练、兼职或离职规划等。

阶段 6 营销：

这个阶段的重点在做精准营销，同时建立个人品牌，包括：定价、渠道、铁粉经营和关键词营销等工作。

高手的提醒

发展多职人生，不须做太长的职业生涯发展计划，反而应该培养一种具有因势利导的斜杠心态，不要过度倚赖过去的成功模式，并提早做好准备和保持开放的心态。

38
有没有一套标准操作步骤？

由于不同的斜杠路线会有截然不同的 SOP（标准操作步骤 Standard Operating Procedure），因此作者以三种常见的不同发展类型来提供建议：继续保有本业的斜杠者、斜杠微创业者、自由职业者。

如果你是继续保有本业的斜杠者

在本业发展之外，多发展出一两种斜杠角色，也就是在不放弃原有工作的同时去拓展多元的领域，这是最常见的斜杠路径，往往也是成功率最高（阵亡率最低）的一种模式。在这种路径下，主要收入还是靠本业，而其他斜杠角色往往只是由兴趣和第二专长出发，可能或许有额外收入，但比重不会过半。

有两件事情，是在开始前一定要先做好准备：

1. 设立目标

包括你希望花多少时间比重来经营这些斜杠角色，以及预期增加多少的收入。预先思考评估你要付出的时间和心力，以及你能够获得的回报（有时未必是金钱的报偿，可以是增加人生的快乐、丰富度、平衡感、价值感、成就感，等等），将有助于你将来遇到和本业角色有所冲突的情况时知道如何取舍，不至于当猝不及防的角色冲突、时间冲突、资源冲突发生时，陷入不开心或者焦虑、沮丧的处境；预先给自己一个明确的界定，可以在未来遇到两难时明快地取舍与决定。

2. 与主管和同事取得共识

在合适的时机和他们沟通，并取得他们的支持或谅解。如果你让本业的主管或同事觉得你不务正业，或者让他们怀疑你可能无心继续在原本的职位上努力，这种身兼二职的斜杠生涯发展，可能遭到主管或同事的反对而被迫取舍。如果本业以外的角色并没有收入或许还好，假如有业外收入，建议最好提出让公司知道，在公司允许的状态下进行，一来可以光明正大在台上进行，二来不怕台面下人家说闲话（公司支持你就是最好的背书）。

> ——张尤金这样说：
>
> 起步阶段"时间管理"是关键。以新媒体为例，如何在朝九晚五的全职工作外，建立起"设定（篇数或人气）目标、搜整数据、分析加工、写作、发文"的 SOP 并重复执行，将事半功倍。

如果你是斜杠微创业者

传统的"创业"和这里所谈的"斜杠微创业"，主要差别在前

174

者需要筹措资金才有足够的资本来成立公司，以支应公司的开销；后者往往不太需要资金，财务负担比较小，只要能顾好个人生活开销就行。涉及筹措资金成立公司的创业，复杂度高，并非本书探讨的重点，以下只以"斜杠微创业"作为建议的准备流程。

1. 设立运营计划与目标

由于已经离开受雇的角色，自己当老板（自雇者、个人工作室），因此一定要拟定"运营计划"以确保未来收入有所保障、降低创业失败的风险。多接触各种讯息与资源渠道是开始之前必要的准备。《孙子兵法》有云："知己知彼，百战不殆。"除了要清楚自己的优势和弱点之外，也必须知道你所投入的领域当中的竞争状况，才不会莽撞进入市场后才发现严重错估情势，越晚退出往往损失越大。通常一家成功的企业一定有它获利的商业模式（Business Model）。你可以在创业之前，先研究看看你想投入的领域中成功企业的获利模式，再从中吸取经验。

2. 慎选品牌或公司名称

好的名称将有助于你在市场上的辨识度以及在网络上被搜寻到的概率。如果设立公司的话，也要慎选营业项目，因为按照台湾现行规定，任何一家公司都必须加入所对应的产业同业公会，故从命名、选定营业项目以及挑选公会都需具有一致性，这可以减少你将来变更名称、变更营业项目或变更公会登记时的困扰。

3. 制订财务规划与目标

想创业不外乎是赚钱以及追求人生的自我实现，而财务是公司运营所需的最基本要素。时有所闻，有些公司因为财务出问题而倒闭，并不因为是产品不好或服务不好，而是资金周转不开导致。因此事先规划好每个月运营的收入与支出，才能够确保不会在奋斗的过程当中，因为资金短缺导致梦想被迫中断。

4. 人力需求与保险准备

即便是斜杠微创业也需要不同领域的专业知识与技能上的协助。因此，你必须在创业初期预先列出可能需要请求协助的人力，先征询你所认识的朋友，认识的人收费上可能会较优惠，甚至会无偿帮助你。此外，你要留意每个人都会老，你越晚找朋友帮忙，他们的机会成本就相对越高。个人的保险也是必要的考虑，尤其在医疗险、意外险、癌症险等这几种你无法掌握的身体健康风险，避免因为大笔资金的医疗或意外支出，导致财务亮起红灯。

如果你是自由职业者

"自由职业者"和"斜杠微创业"同样都是自雇者，而最大差别在于创业者是以事业为首要目标，而自由职业者想要更自由而平衡的生活。既然并不是以事业（或者赚钱）为优先考虑，那么需要做的事前准备也就没有创业者那么复杂、严谨，但是"设立目标"和"财务规划"仍是必要的事前功课。

1. 设立目标

你必须明确定义自己努力的目标，排出优先序。包括赚钱、声望、照顾家人、平衡的生活、自我梦想的追寻……你在一开始就先把这些优先序排出来，将有助于你更有效地运用时间。时间很有限，而这些不同的目标往往在时间的安排上会有所冲突，你越能够明确，甚至是直觉地做出取舍与判断，越不必浪费时间在劳心伤神间打转。

2. 财务规划

离开原本任职的公司就少了稳定的收入来源，往往会造成另一半或家人的不安全感。如果希望在自由职业者这条道路上走得稳、走得久，一定要得到另一半或家人完全支持，而最好的方式就是稳定的财务状况。孟子说："无恒产者无恒心。"如果你的收入不稳定，信心自然容易摇摆，也容易感受到另一半或家人对你的信心不足，因此中途放弃原本的想法。很多事情并不是你没有看对方向，而是信心受撼动而没毅力坚持到最后所致。

高手的提醒

无论你要走的是哪一条路线，一定要先确立目标，巴菲特说过："在错误的道路上，你奔跑也没有用！"妥善的财务规划，能确保在没有后顾之忧的状况下持续追寻理想。人们往往并不是没有能力去实现理想，而是没有足够让自己支撑到最后的本钱。

39
J. K. 罗琳："限制"激发了潜能？

> "限制"其实可以激发一个人无限的潜能。若能运用
> 本身具有的天分和特质，还是可以挥洒自己美丽的人生。

创作型工作，往往不受时间地点的限制

在过去的观念当中，有学龄孩童的职业妇女，下班后的安排以照顾小孩和家庭为重，可以发展斜杠的时间就是在假日、小孩休息或生活的空档零碎时间（除非自己创业）。因此，业务类型、需要配合客户时间、工时没有弹性等工作形态并不适合职业妇女的多职选项，其他形式的工作类型似乎可选择的也不多。

然而，目前多元发展社会形态和社交网络平台蓬勃发展，已经有越来越多的机会和发挥空间可以实现梦想，举例来说，创作型工作就很适合职业妇女，例如，作家、画家、新媒体运营、翻译、美术设计、网页设计、穿搭或彩妆教学，或其他属于知识型工作，等等。由于这些创作型工作具有时间弹性和凸显个人才华等特质，特别适合有创作天分的职业妇女。

慎选互联网与电商型工作

拜互联网普及之赐，人们不用出门就可以在网络上解决生活大小事，这也使得各类商机在网络上几乎无所不在。电子商务（简称"电商"）相关的工作同样也比较不受时间和地点的限制，例如，网拍、跨境批货买卖、网络营销、个人卖家，等等，几乎无所不包的电商工作，大多数有学龄孩子的妈妈们也可以做。

但请不要忘记了，斜杠精神不是为了多一份工作，而是要活出更有价值的多元人生，你对电商工作是否有热情很重要。如果你对这些增加的工作没有热情，或者借此发掘自己的其他优势或专长，这样做不过是拿时间换取金钱罢了。能够以时间换取金钱的选项很多，除了投资理财以外，不太建议这么做，宁可多多培养亲子关系，在小孩尚且需要你的陪伴成长时，花时间培养亲情就是一种很好的投资，因为亲情是可以受用一辈子的资产，而时间只会不断地流逝。

倘若，从事电商型工作让你感到有趣且有成就感，在不占据太多培养亲子关系时间的前提下，我会建议你着重个人品牌的经营、累积属于你个人的魅力资产与人脉资产。因为互联网没有国界，国内的电商业者往往具有低成本、规模经济的效益，而网络上的零售行业有着极大的竞争压力；此外，随着现在生产技术的发达，不断地推陈出新，产品的生命周期都相对缩短，如果你想要在这个领域当中生存，甚至占有一席之地，着重在建立属于你的个人特色与魅力，培养属于你的忠实客户，增加自己的人脉资源，这才是所付出的努力可以持续累积下来的资产；未来就算你不再继续做电商，这些资产也能够跟着你，支持你到其他的领域去发展，属于一本万利的"投资"——你要投资时间，而非变卖时间。

限制可能激发你更大的潜能

最成功的斜杠妇女典范之一，就是《哈利·波特》畅销系列的创作者——J. K. 罗琳。她原本不仅有学龄孩童需要照顾，还是个贫穷的单亲妈妈，年幼时就喜欢写奇幻故事，且对周遭人、事、物有敏锐观察的能力。《哈利·波特》当中的许多角色也都来自于作者青少年时期，自己和同学的投射，由于具备小说家的特质与天分，再加上个人机遇，让她成为在全世界广为人知的斜杠妇女（小说家、创业家、慈善家）。

J. K. 罗琳提到，"限制"其实可以激发一个人无限的潜能。如果想要突破既有生活限制，就必须超越限制，你的创造力和灵感往往因此油然而生。"限制"表面看来像是障碍，但如果你正确地利用它，"限制"其实可以激发出让人惊艳的无限可能。

纵观人类历史，许多技术的重大突破都是发生在最艰困的时期，例如在第一次世界大战期间爱因斯坦发表了相对论，在第二次世界大战期间美国发明了原子弹，美军在广岛和长崎投下的原子弹终结了这场世界大战。资源的贫乏，现实生活中的阻碍，往往更会激发人们去寻求突破；相反地，顺境让人安逸于现况，因而表现平凡。你必须了解，逆境和限制都是暂时的，而非永久，当身处于限制较

多的时期，就先预做思考与准备，一旦限制消除之后，你便能迅速
展翅高飞。

高手的提醒

　　有学龄孩子的职业妇女，虽然短暂的限制很多，但若
能运用本身具有的天分和特质，还是可以挥洒自己美丽的
人生的。假如当初J.K.罗琳因为失婚单亲而放弃写作的热情，
就不会诞生后来令人惊艳的《哈利·波特》系列作品。

40
开始之前，唤醒心中的巨人？

好的心理素质是一切成功的基础，决定步入斜杠人生前，必先做好三大最根本的心理建设：确认自己热情的领域、唤醒心中的巨人、建立正确的金钱观与理财观。

第一步：确认自己最有热情的领域

在未来，人工智能与机器人被广泛运用到职场上的时候，那些无法由人工智能和机器人所取代的能力或特质将更显得珍贵。其中，人们的热情就是一个典型无法在机器人身上找到的特质，对于一个缺乏热情的工作，要达到卓越、出类拔萃的水平几乎是不太可能的；相反地，如果你对于一件事情充满了热情，无论遇到多少挑战，面对多少的竞争压力，你都会自己努力克服。

有谁会对自己充满热情的事物抱怨呢？不会的，不吃饭不睡觉甚至不领薪水都愿意拼了命去做，怎么有抱怨呢？过去二十多年来，我阅读了许多成功人士的传记和著作，发现这些人都是对于自己所投入的领域充满热情，而且不抱怨、不"讨拍"（需要别人的安慰），甚至好几位成功人士都建议我们要远离爱抱怨的人。

因此，在开启斜杠生涯之前，一定要先确定你投入的这些领域是不是你最有热情的领域？如果不是，那么我建议你宁可好好巩固既有的本业，至少还有因长时间经验累积的优势，因为进入一个你热情不够的新领域，不仅胜算不高，甚至可能会动摇你的本业，结果落得两头空的下场。

第二步：唤醒自己心中的巨人

我在 1994 年的时候读了一本书《唤醒心中的巨人》（*Awaken the Giant Within*），对我个人生涯发展有很正面的影响。作者安东尼·罗宾（Anthony Robbins），是美国著名心理学专家、公认的成功学、激励学方面顶尖的大师，接受他咨询和激励的包括：美国总统克林顿、南非领导人曼德拉、网坛巨星阿加西、拳王泰森等。他说："每个人身上都蕴藏着一份特殊的才能，那份才能有如一位熟睡的巨人，就等我们去唤醒。"

当时我觉得这本书真的棒极了！尽管我还是大一的学生，根本不知道懂这些要做什么，但内心却充满了无限的希望和力量（果然是年轻人啊），让我正面应对往后人生的每一次挑战，一本初衷、全力以赴地面对任何的新领域。十多年之后，《秘密》（*The Secret*, Rhonda Byrne 著，2006 年问世）这本书在全世界热销上千万册，被翻译成三十多国语言，这些书描述的都是类似的观念：潜意识的力量，以及要找到自己的"天命"。

潜意识的力量有多大？市面上有许多这方面的课程和书籍，有相关探讨，在此暂不赘述。但"天命"是什么？这值得我们好好探究。早在两千多年前，孔子就说过："吾十有五而志于学，三十而立，四十而不惑，五十而知天命，六十而耳顺，七十而从心所欲，不踰矩。"这段话我们以前都念过，但是很多人至今还一知半解的。

有些人认为"五十而知天命"的意思是"万般皆有命，半点不由人"，把人生的际遇归因于上天的安排，这是最消极无奈的想法；积极的人解读为"乐天知命"，相信命运由个人心念所主宰，因此逆来也可以顺受，改变自己的想法和心态也能因此调整命运的发展。以上都是中国传统的儒家思想，我想分享的是欧美成熟国家对于天命的观点，是"找到自己具有热情又具有优势的领域"，如果你能够在人生当中，找到符合这样条件的领域，那么恭喜你！你的发展会如虎添翼般，甚至达到成功卓越的水平。

当然，每个人不会天生就知道自己的天命在哪里，因此需要人生的历练，去追寻、去探索、去试炼，从实践当中发掘与体验，有些人运气好，会突然某一天赫然发觉："天啊！我找到自己人生的目标了！"也有些人是在不断的失败与挫折之后，才知道哪些路行不通，在不断的删除法之后，找到自己相对有机会的天命所在的。

德国史上一位全球知名斜杠人士——约翰·沃尔夫冈·冯·歌德（Johann Wolfgang von Goethe，1749 年 8 月 28 日—1832 年 3 月 22 日），他是诗人、自然科学家、文艺理论家、政客，有许多至理名言，被世人传颂数百年，其中一句是："没有人事先了解自己到底有多大的力量，直到他试过以后才知道。"如果你现在还很年轻，就勇敢地去尝试吧！如果你年纪已经不小了，也别放弃，继续找，你终究会找到的（古人平均可能要到五十岁才找到啊）。

——张尤金这样说：

先确保现有的正职或主业能让自己衣食无虞，如此才能游刃有余，有充足的时间及精力去学习新知识和新技能；此外，要做好"随时随地都工作"的心理准备与时间规划。

第三步：建立正确的金钱观与理财观

我很推崇投资圈的一位前辈阙又上，他有一本著作《操盘手：华尔街给年轻人的 15 堂理财课》里面谈道："为什么年收入一千五百万的医生，执业多年，至今仍需要每日清晨五点就起床辛苦打拼？即使是聪明如医生，也可能因投资一口气亏掉二千五百万。聪明人没有正确的理财投资脑袋，纵使年收入千万也枉然……"在他近三十年的投资管理生涯中，接触过许多聪明又优秀或世界名校的人才和个案，他们一样会投资失败，不是因为数学或聪明出了问题，而是被错误的认知所误导。

无论你打算投入哪一个领域，你都必须先建立一套正确的金钱观与理财观，它就像一个人的财务根基，你必须先把这个基础架构建立好，之后你赚的钱才会产生堆栈、加速膨胀的复利效果。错误的财务观念，无论你赚再多钱，都会不断流失甚至一夕倾倒！

举例来说，如果你是一个程序设计师，在工作之余，也参与许多开源社群的活动，你将会建立自己的专业能力圈与社群知名度，久而久之，当公司需要聘人的时候，你能很精准地介绍对的人加入团队，而你的能力也会被公司外的社群认识，甚至开始有一些挖角或是接案的机会，例如开始当讲师、写专栏或出书。

你渐渐开始感受到，你在公司外有愈来愈多的机会，这也会让你在公司有更多的谈判筹码。即使原本的工作不同意你斜杠，你也有机会转换到另一个工作，而那份工作打从一开始就知道你是个意见领袖、社群参与者或是拥有问题解决能力的专家，在面试的时候就可以把彼此的合作方式谈清楚，让自己的专业帮你争取到斜杠的可能。

这个时候，就表示你已经做好斜杠的准备了，甚至不只是你，其实公司也准备好了，因为你的斜杠对公司不再是"你斜杠之后到底有没有全心全意为公司而努力"的担忧，而是"公司因为你的斜杠获得了原本没有的庞大资源"的放心。

请记住，公司不希望看到的是"无法管理"的斜杠者，一个专业的斜杠工作者必须让自己的客户都知道自己是有纪律，也能有效自我管理的，这样合作起来自然就会愉快。

高手的提醒

要步入斜杠人生之前最重要的当然是确定"你要开始斜杠人生"这件事是对的，在对的方向上。巴菲特有一句名言："在错误的道路上，你奔跑也没有用！"而所谓正确的道路，正确的方向，只要是你具有热情，而且具有优势的领域，通常就不会错了。

——李柏锋这样说：

一份能获得工作自由的专业。

什么是工作自由呢？其实就是你拥有一份专业，让你可以自由地选择自己的老板，看这个老板不顺眼，你可以毫不犹豫地离职，因为你知道你不会找不到工作，这市场上有很多公司都需要你的专业。

如果你的能力没有强到足以跟老板谈判，你不但很难获得主业之外的工作机会，即使能够兼职接案，也不会有足够的筹码跟客户谈判。你会发现你的主业并不是在发展自己的专业，而是在帮别人执行工作，而你的兼职往往也只是贩卖自己的时间而不是自己的专业。

CHAPTER

平衡取舍篇

人事人事，"人"前，"事"后。

41
稳固"单杠"，发展"斜杠"？

在发展斜杠前，本业一定要先稳固。壮大自己在本业
当中的知名度以及累积人脉资源后，才开始发展第二专长。

稳固本业的三大好处，你一定要搞懂

在本书的另外好几个问题当中，都有提到"通过稳固单杠（本业）
来支撑斜杠（副业）"的建议，因此，把属于你核心能力所在的本
业先壮大了，之后再发展出第二专长与多重附加价值，才是较有效
率的路径选项。在许多中大型公司当中可以拥有的资源和合作机会
比小公司或个人工作者大过太多倍。

先将本业所任职公司当中的职务做到好，做到满，有三大好处：
（1）学习到本职以外的更多周边能力和技巧；（2）原本的公司和
原本的同事将是你未来自主发展时的最基本人脉；（3）公司的往来
合作厂商或客户有可能是你未来的贵人。

许多历练在中大型公司才有机会

如果你想要成为一个能力够完整的人才，将来自己创业当老板（或者单纯一点就是当个自由职业者），你必须学会的许多能力和技巧并不是你在本职专长当中就会的，例如人际沟通互动技巧、管理人的能力、简报与说服技巧、谈判与议价能力、时间管理能力、项目管理能力……这些往往在中大型公司当中才会有较完整的学习机会，而且刚进公司时通常会指派经验丰富的导师（mentor）来带你、指导你，等于是免费让你学会以上这些种种的技巧。

如果你不在具备一定规模以上的公司服务，要靠自己在社会中行走，跌跌撞撞的磨炼出来上述这些能力或技巧，或者自费去外面上课学习的话，付出的代价就太高了。

事实上，许多创业者原本都是待过中大型企业，拥有完整的历练，再出来自己创业的，这样成功的概率才会高。如果你待的是一家中大型公司，而且认为自己在本业的精进空间还很大的话，那么，我会建议你继续投入热情在你的本职上，让自己在公司内部"学习与成长的边际效益"维持在很高的状态，直到那个边际效益递减了，而且降到感觉已经不太能学到东西的时候，再考虑往外发展。

如果你待的是小公司，那么公司老板（最好他是创业者）就会是你最好的学习对象，这种在成功创业者或老板旁边近身学习的机会不多，你要把握机会多多观摩，适时请教，不懂就多问，通常这类创业者普遍喜欢侃侃而谈，为自己从无到有、白手起家创业成功的经验而感到相当自豪。

原本的公司和原本的同事，将是你未来自主发展时的最基本人脉

对人脉来说，待过中大型企业最大的好处，就是可以认识很多人，光是公司内部的同事就很多了，有些大型集团还有许多关系企业的姐妹公司，这样就有更多潜在的人脉可以认识了。

你必须善用自己还待在这些中大型企业的时间，好好把握每一个可以展现出你才能（与才华）的机会，只要你能力够好，把握够多被看到的场合，那么你受到肯定和提高知名度的能力，已经在无形当中累积了。

有一年，爱瑞克被指派必须代表"国泰投信"出席集团该季的企业永续大会，对集团内所有子公司的高级主管进行十五分钟的简报，报告有关公司在企业永续方面的成果与现况。该会议有两百多人参加，站在金控总经理和所有子公司一级主管面前简报，压力之大，可想而知。但是充分的事前准备、演练再演练（事前两周内在公司内部试讲两次、自己对自己试讲十多次），当天的简报获得主管们极高的评价，甚至离场时，另外一家子公司的高级主管，直接走到爱瑞克与自己公司的总经理面前说："你叫 Eric，好！我记住了！"因为深获包括总经理在内的多位主管肯定，后来爱瑞克成为国泰投信首席讲师，专心负责公司对外的大型简报，担任对销售机构的教育培训课程主讲人。

公司的往来合作厂商或客户有可能是你未来的贵人

中大型企业的另一个好处就是往来的上下游合作厂商很多、客户也很多。这里并不是说要去滥用原本公司资源来谋取私利或者抢客户，而且有些大公司会有竞业条款，限定重要员工离职之后的一定期间之内，不得从事竞争业务或接触原本客户。然而，有些人离开中大型企业后，并不是竞争者（同业），而是为兴趣和热情转换了跑道，跨入不同的领域（异业）去发展。

虽然属于不同领域，可能还是会需要某些上游供货商的产品或服务，这时候，你可以选择的合作对象就很多，不用重新探寻或者重新建立关系。同时，因为为之前公司的客户服务得很好、赢得了信赖，因此在转换跑道进入不同领域之后，这些老客户仍旧很乐于和你往来，尽管是提供截然不同的服务或产品，往往有些老客户会和你成为朋友关系，而在你自主发展（或者斜杠人生）过程中，成为提拔你、支持你的贵人。

——李柏锋这样说：

一开始的兼职其实可以去寻找大量的刻意练习机会。例如你如果是发型设计师，你的兼职可以是戏剧表演的发妆助理，你并不会有机会"设计"，只能"执行"和"重现"别人设计。可是你会在很紧迫的时间内接触到很多演员，帮他们处理各种造型，熟悉各种发质与头型，这种刻意练习对你的帮助很大。

接下来，可能你会开始遇到瓶颈，再怎么练习都很难进步，这时你必须要知道怎么投资自己，例如找到比你资深很多的人来当你的教练和顾问，可能得花不少钱，但是你能进步很快，因为在大量练习之后，你的优点和缺点都会比原来更明显，而对的导师可以强化你的优点，让你在专业领域找到竞争力的护城河，也能改善你的缺点，甚至将缺点转变为你的独特风格。很多人其实都在这个阶段卡关，只知道埋头苦练，却不知道借鉴别人的专业与经验。

最后，你必须累积自己的"作品"。在这个阶段，开始让代表作帮你说话、宣传、被市场看见。你必须废寝忘食、不计代价，打造出一个代表作，例如谈下一个上亿的项目、做出一个得奖的作品、写出一篇被同业广为流传的经典好文。

等你历练得更完整？开玩笑，等待是不能被规划的，专业的人都知道：别等待，动作快。

高手的提醒

只要是认为在公司内部"学习与成长的边际效益"仍维持在很高的状态，那么就应该专注于本业，继续待在现有公司好好地努力学习与发展，壮大自己在本业当中的知名度以及累积人脉资源，无论将来是继续在业内发展还是成为斜杠青年，甚至跨业创业，都是最佳的资源。

42
个体是产品，也是品牌？

个人也是产品的一部分，无论是年轻人或中年人创业，都必须经营好个人品牌，在争取企业主和公司的支持上才能取得优势。

刚步入职场的社会新鲜人

如果你是社会新鲜人，仍处于对于生涯规划茫然的阶段时，那你需要的是强化自己的核心能力。以斜杠人生而言，第一个斜杠能力仍未建立，建议先从产业着手，找一个适合你的产业或有兴趣的产业培养核心能力，例如，你的强项在理工范畴，可以选择高科技产业着手，先建立对产业供应链和制造流程的认识；若你的兴趣或专业背景是业务或营销，则可以进入有品牌知名度的中大型公司，建立自己对于品牌管理、产品销售预测、营销活动安排和渠道管理等的基础认识。

由于你在工作上仍有许多值得学习的空间，因此先专注软实力的养成，例如：解决问题能力、跨部门沟通、团队合作、项目管理等，这些软实力都有助于你成为更好的斜杠青年。除非你在工作上的表现让你的老板很满意，同时和老板关系也很好，否则不建议个人事业让你的老板知道，毕竟这对公司并没有附加价值，甚至还会造成老板的误解，以为你即将要离开现有的工作。

已经在职场工作好几年的人

如果你已经在职场好几年了，并且已经具备相当的核心能力和社会历练，同时你的核心能力即使脱离原本公司也能被认可，这时，让老板知道你要发展个人事业的风险会相对较低。因为，这时候老板思考的是，你的个人事业是否可在原本公司平台上发展。例如，转调至更能够发挥的职位，甚至成立新的职缺或新的事业发展部门。现在越来越多的大型企业鼓励员工"内部创业"，用公司资源帮助你圆梦，同时也促进了公司在产品与服务创新上的竞争力。

倘若，你的个人事业在原本公司并没有发展空间，而你已经在业界拥有相当人脉，我会建议你先征询业界资深人士的意见，不要太草率地做决定，虽然长时间在原本的角色上经营与累积了许多的资源，然而未必知道如何充分地去运用这些资源来整合出最大的效益。业界资深前辈往往具有较多的经验，知道如何整合运用资源，或者他们也经历过更多业内或业外的案例，可以作为未来发展的参考或借鉴。你要充分利用这些人脉资源，来协助自己找出效益最高的一条发展路线，这会比你埋头苦干或一意孤行来得更有效、更安全。

另外，如果公司内部并没有让你做创新产品的机制，也缺乏内部创业机会，那么，随着网络平台的多样化，有意寻求企业主支持的方式也可通过网络众筹平台来募资，通过网友的力量完成产品，同时验证产品对大众的接受度。如果你的创新产品确实受到了社会大众的喜爱，自然多了有利的选择，即是否要在公司继续发展又或者自行创业。

好的产品加上好的个人品牌，无往不利

常常有创业者有了很好的想法，完成了商业计划书（Business Plan）后，就急于争取企业主的支持，但却铩羽而归。归咎原因，通常有下列几点：

原因1 商业计划太复杂

许多商业计划书写得太复杂，失去焦点，看不到核心价值，包括：商业流程太复杂、需要高度系统整合、建置成本太高和可行度低等。这时候我会建议你简化旁枝末节，浓缩成一页，用最简洁的方式让企业主了解，通常老板没有耐心在一份看不出重点的计划书上花时间。如果能够在一分钟内让老板眼睛一亮，想要了解更多，那么后续你自然有机会进一步详细解说，这就是最近很火的"一分钟简报术"。

原因2 个人品牌不佳

企业主在看你所提出的产品构想或商业计划书之前，往往直觉的回顾过去所开发过的产品，以及你以往的工作表现。倘若过去的

表现平平或者有一些失败的记录，那么在争取支持上可能显得弱势，这时候我会建议你不要自己提案，而是找公司内部创新产品提案或者新事业发展上比较有经验的人讨论，通过他们的优化、润色之后，再去提案，这样会提高胜算；倘若你的构想够好，甚至有可能会支持你的产品或计划，那就一起向公司高层争取认同机会。

原因 3 产品创新不足

提出的计划没有事先做过市场分析？是否竞争者已经做出类似产品？推出的效益是否真的如你这么预期乐观？产品的利基点不足以吸引现有客户？这些问题往往不是自己一个人能够做出客观判断的，因此在你提出计划案前，最好事先与这类产品的重度用户（heavy users）讨论过，并强化你的产品创新感、确保有一定程度上的竞争力之后再提出，这样胜算也会提高。

高手的提醒

个人也是产品的一部分，无论是年轻人还是中年人创业，都必须经营好个人品牌，在争取企业主和公司的支持上才能取得优势。此外，个人事业发展争取支持的渠道越来越多元化，无论是内部创业、企业主支持或众筹，产品的创意和可行性是其中关键成功因素。

——关于怕老板知道发展斜杠，他们这样说：

江湖人称S姐

可以低调没关系，但提醒你，你的老板每天都在想怎么创造更多不同的事业。

老板绝对不会保你到退休，也不会保你一辈子的收入跟改变你的生活方式。

是你自己，时代正在改变，斜杠也能胜正（职）。

李柏锋

你只要仔细观察，可能会发现其实老板自己可能就是个超级斜杠，不只创办一家公司，不只一份工作，甚至还兼了很多协会理事长、活动主办人、作家、讲师等角色，所以老板真的无法理解与认同"斜杠"吗？未必，他担心的不是斜杠，而是斜杠之后，员工却没做好公司的事、公司付出的成本没有合理的回报，以及其他没有斜杠能力的员工的眼红心态。

所以针对这些担心，你怎么帮老板解决呢？不是企业主要去支持你，而是你自己要知道怎么做才能让企业主放心你的斜杠。

你有没有做好公司的事呢？该做的事情好到超乎预期，该拿到的绩效持续都有优质表现，谁会担心？

你拿了五万的薪水，有没有回馈公司好几倍的价值创造？所有的老板每天都在算，你也要懂得算。你拿五万的薪水是凭什么？你会不会被更年轻的毕业生以三万的薪水取代？你拿五万的薪水，公司包含你的劳动保险等成本加一加可能是七八万，你创造的价值有没有二三十万以上？没有，那聘你是赔钱的，你还想斜杠？你该担心的是自己被杠掉。但是如果你拿五万的薪水，要取代你得花十万以上，或是你能创造五十万以上的营收，那你想怎么斜杠，一切好说。

最后，眼红心态这个比较难解。你因为斜杠，即使正常休假，也会被同事认为你在做自己的事。你必须要理解，职场上有能力的人不多，很多人因为能力不足，连休假都不敢，更不用提不加班而去兼职做其他的事情。所以你的斜杠可能会被同事认为是一种特权，会不受欢迎，甚至被黑。

所以，你能不能拿出对等的资源来让这些人闭嘴？你因为斜杠而获得人脉，什么事情都可以靠你的一通电话而解决。你怎么被说坏话，都会有人挺你。你因为斜杠而更了解产业动向与业界趋势，让公司可以往正确的方向发展。大家就不会那么在乎你是不是常在公司了，就像是神明，平常未必每天参拜，但只要关键时刻能找到人指引方向，也就很受用了。

凡事不要只想到别人应该要支持你，而是你要怎样才能做到别人不得不支持你，不要让别人决定你的生活与工作。

张尤金

本土企业重视员工忠诚度与向心力，老板常将员工兼营副业视为离职跳槽的前兆，不利于多职人生的开展。但诚实为上策，如何做好上班之外的时间管理，避免与正职间的利益冲突，有助于取得上司的包容与认可。

张嘉玲

要真正定义斜杠青年，每个人的解释都不太一样。有人认为每个 __、__、__ 只要是自己热爱的事情都可以（或称之伪斜杠）；但也有些人认为，斜杠的概念本身应该是一个职业的概念，衡量职业的标准就是收入，收入是市场对劳动力的认可，也就是市场愿意为你的斜杠买单，否则斜杠相对前者来说，就只是爱好而已。

我个人比较认同后者。因此我反而认为，要成为一个真正的斜杠青年非常不容易。当你的主业以外的业余身份可以被市场认可和变现，就意味着这个业余身份一定是非常杰出的能力，而不是个普通的能力。

尽自己最大努力做到有钱、好看、有本事、受欢迎，手里的牌多一点，做选择的主动性就高一点。要成为被市场认可的斜杠，跟担心被老板知道自己在忙其他个人事业的差别是，前者努力追求工作价值和自我成长，后者花一生追求只能让自己苟活的薪水。

43
大公司做人，小公司做事？

大公司比小公司能接触到更多的人脉和上下游供货商
的合作经验。唯有自己更有意识的补强目前缺的能力，才
能让自己未来的职场生涯走得更稳。

善用大公司累积的资源

在本书的第四十一个问题当中，有提到待在大公司当中的优点，
是在其他小公司或者自己出来创业者所没有的，你如果目前还在大
公司当中，就要把握机会，多多累积资源。这些资源主要包括了人
脉资源和上下游供货商的合作经验。

1. 人脉资源

大公司里的同事，很有可能成为你的好朋友甚至是未来合作的
伙伴。因为公司大，内部职员也较多，每天工作中就容易遇到很多人，
如果不是位居主管职，各部门的同事间一般不会有升迁发展上的直
接竞争关系，也因此比较容易结交朋友。你要把握跨部门合作的机会，

或者主动参加公司举办的大大小小活动，借此认识其他单位的人，因为将来倘若自行创业，势必会遇到你本职学能以外的问题，而那些原本大公司的同事，就是你遇到问题时可咨询的对象，甚至是将来的合作伙伴。

2. 上下游供货商的合作经验

除了公司内部以外，公司外部的上下游往来厂商也是你重要的人脉资源以及学习的对象。因为只要是同一个领域，自然就会需要用到这些上下游厂商的产品或服务，而大公司因为预算多，往来的供货商以中大型为主要选择。举例来说，通常一家大公司的营销部门人员，就可能会和大型的广告公司、美术设计公司、公关公司、网络营销公司、市调公司往来，也因为项目的金额较大，你可以充分运用到这些第三方的资源，借此观摩学习，看看他们是如何建立章程与工作流程。

如果是一家人数少于二十人的小公司，可能根本就没有什么营销预算（甚至可能没有营销部门，只有业务部），也就更不可能有机会跟上述那些第三方合作，很多事情都要靠自己规划，如果你有与厂商的合作经验，也就可以效仿他们的做法，比照办理。如果你是自雇工作者，基于资金预算问题无法委外，许多事情都需自己策划，这时候，你跨领域的合作经验就成了自己当老板的最宝贵资源。

未来想一辈子领薪水到退休，愈来愈难

长期待在大公司的缺点是往往因为分工太细，你只是一颗小螺丝钉，专门负责小范围的工作内容。在大公司要担任管理职要求比较高，也相对难竞争；如果你不是主管级，又没有把握机会参与跨部门项目和认识其他部门的人，那么你很可能只会拥有"专业技术"但缺乏"管理能力"，这在未来职业生涯发展上是有风险的。

在未来人工智能和机器人的广泛运用之后，"专业技术"是最容易被取代的，大公司精简人力时的精简对象也往往都是专业技术工作者，而具有项目管理能力、沟通协调能力、业务拓展能力的人存留下来。由国际上知名的大型企业缩编裁员记录，可以发现，技术人员往往是被裁撤最多的单位。因此，在你现职还算安稳的时候，尽早补强目前缺乏的能力，就算你不考虑往斜杠发展，至少也能够确保自己的职业生涯可以走得长长久久、不被淘汰。

高手的提醒

在你还任职于大公司的期间，一定要把握机会多加运用大公司的优势与资源，对自己的未来做好充分的准备，就算你将来一直持续待在大公司而不往外发展，那么公司也会因为你具备了更完整的能力而持续任用，为你的升迁发展打下良好基础。

——阙又上这样说：

其实大公司和小公司，各有不同的学习和挑战，大公司因为人力资源充沛，职责通常分得细，能学到的东西有时候局限在那个特定的范围，所以会有人在大公司像小螺丝钉的感觉。

而小公司资源少，若肯学肯做，经常有机会接触到更宽广的学习，甚至被委以重任，如果小公司的领导者企图心够，又碰到趋势，小公司也可以变成大公司，例如中国的阿里巴巴、美国的亚马逊和脸书。

大公司和小公司都有学习的机会，选择适合自己和能够发挥的领域，或者赏识自己、愿意给机会的主管，这些因素可能比公司的规模大小更重要。

44

大树底下依旧好乘凉？

无论公司大小，你要想的是成为不可取代的人。

大公司并非是不可取代的

大部分人都听过一句话，"大公司就像大树一样，大树底下好乘凉"，某种程度来说，这也是没错的，大公司通常比较能抵挡一时的经济震荡，不会马上就倒，但是当真正的强烈台风或强烈地震来临时，大树并不如你想象的这般坚若磐石。

举例来说，诺基亚当初也称霸移动设备市场多年，却无法继续在智能手机浪潮下生存；当苹果计算机推出 iPod 后，随身听产业快速溃败；当网络购物成为新的经济形态，百货零售产业业绩也大受影响；当云端应用发达，光盘产业就走向了夕阳。可见，当大环境出现典范转移（Paradigm shift），任何大公司都有可能如恐龙般消失，因为在科技不断创新与淘汰的过程当中，能否生存下来已不单单局限公司大小的问题，往往是带动整个产业供应链的冰消瓦解，公司再大也挡不住科技革新的浪潮。

另外，大公司为了维持成长或者顺应市场竞争，往往会借由组织调整、组织变革的方式来进行大规模的人员变动，特别是在科技业大公司，随时做组织和部门调整，顺应日新月异的市场变化，整个部门遭裁撤也不足为奇。连过去叱咤科技界的巨擘IBM也经历过大裁员，快速换血之后，才能迅速从大型计算机主机市场跨进信息服务型市场，渡过市场结构改变的危机。

在2008年金融海啸之后，许多欧系的银行和保险公司，难敌财务压力而策略性逐步退出亚洲市场，这股低气压在过去十年当中延续，陆续已经有多家外商银行和保险公司撤出了，将在国内的分公司裁撤，或变卖给其他业者来接手经营。即便是曾经光鲜亮丽的外商金融业，也都可能突如其来接到总部的组织调整命令进行裁撤，工作猝不及防化为乌有，造成人心惶恐不安。

你愿意永远当一颗可以被取代的螺丝钉吗？

大公司通常求稳，拥有庞大组织架构，工作职责分工很细。通常会有大大小小不一的项目，召集跨部门人员加入，让不同部门之间来相互领导，彼此竞争，借以顺应外在环境的发展。因此，任何一个职缺都随时可能被取代，或者在组织调整时消失。

特别是在制造业，除非你是核心研发人员，否则公司运维都已经上轨道，相关的SOP也都很健全，需要的是执行能力好的人。事实上，在老板眼中，没有人是完全不能取代的，即使你是所谓的关键人才，也只是阶段性存在，不代表你具有永远的优势。

另一个层面来看，随着新经济形态（例如网络共享＋外包）和新科技（例如人工智能＋自动化＋物联网）时代来临，你能保证你的工作一直存在吗？还是其实你的附加价值正在递减中呢？

如何成为一个不可被取代的人

如果你可以进入大公司，台积电或鸿海固然很好，但大公司内部人才多，部门和同侪间竞争也很激烈，你要思考是否大公司内部竞争的文化适合你？升迁发展是你首要的人生目标吗？

事实上，无论公司大小，如何成为一个不被取代的人，重点在于高附加价值，而拥有斜杠思维的人，可以多元思考，做到跨界整合。

何谓斜杠思维，这边区分了几种类型：

1. 多角色扮演

小斜杠概念，工作性质垂直发展，例如：程序设计师、系统架构师、需求规划师。

2. 跨组织整合

中斜杠概念，工作性质横向发展，例如：产品规划、客户管理、生产管理。

3. 多方位发展

大斜杠概念，跨不同领域，成为真正的斜杠工作者，例如：程序设计师、诗人、心理咨询师、医生、新媒体运营、作家。

如果你一时还无法具有多方位发展（大斜杠）的能力，建议你先从多角色扮演（小斜杠）和跨组织整合（中斜杠）的角度提升自我竞争力，增加在现有工作的价值，永远保持创新和学习的心去面对你的工作，当产业进行典范转移（Paradigm shift）时，你就会是那个最容易适应环境变化的人。

高手的提醒

公司大小或是职位高低并无法决定你的人生价值，能否持续保持创新和学习的心态去面对工作和生活，在职场工作形态变化如此快速的时代往往更为重要。追求稳定、墨守成规、循规蹈矩，反而可能是在冒更大的被取代的风险，运用斜杠思维看待工作和生活，每个人都拥有无限宽广的人生。

——关于待大公司比较有保障，他们这样说：

李柏锋

未必。

许多大公司之所以大，是因为已经相当成熟，这种成熟的环境，也许待遇比小公司好，但是却可能比较没有成长空间，或是没有太多升迁的机会，因为比你更早进公司准备上位的人很多。所以，如果你真的比较在乎收入的成长与升迁的机会，你应该要找的是小型但是快速成长的公司，但是这种公司往往也因为还不够成熟而大起大落，可能你进去之后担任第一个营销人员，一年后变成营销部门的主管，但是也有可能过了一年，公司就关门了。

不过，我必须要说，只想追求保障的人，其实就不太适合往斜杠的方向走了。因为斜杠的人追求的不是在一个地方一直待下来，而是到哪里都可以待得下来。

张尤金

"正职、兼职"常以赚钱为目标，但"斜杠、多职"志在兴趣与自我实现，赚钱不是必然的结果。所以如果正职能提供生活保障、甚至升迁愿景，这不正是多重职业生涯在起步初期最坚强的后盾吗？

45

人事人事，"人"前"事"后？

如果你想要降低自己回不去的风险，有两件事情可以
事先准备：和原本主管保持良好关系，让原本的公司需要你。

如何降低转职的风险？

很多人希望跨出去之后，将原本的位子当作备胎，如果将来个
人发展不顺利时，可以再回到原本的位子上。你觉得你的主管会乐
见这种状况吗？如果回得去，当然是很好，但是你必须考虑，由于
公司招募与任用一个新人需要花不少的成本与时间，让新人完全上
轨道又需要更多时间，因此，许多公司都将"离职率"越低越好设
定为一个部门或单位主管的KPI（绩效的关键衡量指标）之一。

事实上，一旦离职，你的主管该年度KPI就因为你的异动而被
扣分了！除非是在明显成长的公司而部门人数有扩编，或是等待有
其他人离职而空出职位，否则你想回去原本公司就变成可遇而不可
求的窘境。以上就是多数离职员工"回不去原本岗位"的最主要原
因，如果你想要降低自己回不去的风险，有两件事情可以事先准备：

211

和原本主管保持良好关系，让原本的公司需要你。

如何和原本主管保持良好关系?

实际上，无论你是因为什么原因而离开公司，请务必要以理性的方式充分的和主管沟通，获得对方的理解以及体谅。除了理性沟通之外，如果真要用到感性的一面，那就是要试图让原本的主管支持你的决定、并且期待你未来的发展。

没有一个主管会因为部属离职而开心的（尤其在 KPI 被扣分的状况下），除非是他原本就希望你走，或者你的离开在某些方面对他而言是有所帮助。我们先不谈"主管等待你提辞呈许久了"这个状况（针对这情形，我们只能说恭喜他，看来你可能是个绊脚石）。

若要让你的离职对原本主管有所帮助，以下两种做法，往往是让原主管最开心的方式:

1. 先找好替补人选

在你离职前，已经帮助主管物色好替补的人，做到"无缝接轨"才离职。例如在我离开 A 公司主管职之前，已经充分与更上一级的主管沟通讨论，共同培养出合适的接班人选，做好充分的工作交接，然后才离职。以 A 公司的高层主管们眼光来看，因人员的流动而创造出升迁的机会是好事，而且公司也没有因离职人员的空窗期而有什么损失，相反地，公司聘用更年轻的人来取代你，等于是帮公司节省了人事成本。在这个情形下公司并不会认为你的离职对公司带来损失，反而是创造机会。

2. 离职后，对原主管仍有帮助

在你离开后，能够持续对原来的主管有帮助，这需要私交，也凸显出你经营人脉与"向上管理"技巧的娴熟。举例来说，当我任职B公司的非主管职位时，和原本主管沟通充分，表达我想要去拓展的新领域，未来在哪些情形下，可以帮助原本的主管。例如，可以提供更多业界或外界的信息给他，或者将来是否有机会联手合作，或者有哪些事务可以外包给他，并且帮他节省成本开支。只要能够为原来主管创造利益与更多机会，就可以产生一种结盟，降低原本主管对你离职后的厌恶感。

如何让原本的公司需要你？

以下区分两种状况，第一种是你想要保留回去原部门的机会（也就是把你原来的位子当作是备胎），第二种是你可能回去原本公司，但是到不同的部门。这两种不同状况下，你需要做的事情稍有不同，但是前述"和原本主管保持良好关系"可都是共同前提条件。因为如果你要回去原本的公司，原公司的人资部门或者要任用你的主管，一定会去征询先前任职单位主管的意见，也就是"资历查核"（Reference check）。如果主管对你评价不好，不表认同，肯定你回去的概率就相当渺茫了。

1. 想要保留回去原部门的机会

你必须让原本的公司以及你的主管认为，在离开公司的这一段期间内，你的能力和经验有所扩展，而这些扩展后的能力和经验将有助于公司的发展。最常见的是在业务单位，假设你原本在 A 公司负责的客户群比较小，而你离开 A 公司在 B 公司任职的期间（或者你独立创业、自雇的期间）接触到的客户更多，那么 A 公司往往欢迎你带着更多的客户回来，因为可能带来更多的业绩（客户是很值钱的，比你还值钱）。就算是非业务单位，只要你能够带着更多的能力和经验回来贡献原公司，基本上会是被欢迎的。

2. 回去原本公司但是到不同的部门

通常会发生在"有相关的不同部门"，例如金融业当中往往把客户分为"法人客户"及"自然人客户"，通常法人客户需要较资深的业务人员来服务，新人往往先从服务自然人客户做起。如果你原本在 A 公司负责自然人客户，而 A 公司原本对法人客户的业务发展相对较弱，亟须这方面的人才加入，在你离开 A 公司在外面发展的这一段期间，是让你具有服务法人客户的能力和经验的，那么你就很容易回到 A 公司的不同部门任职。因此，你一定要把握离开公司之后的这段时间，让自己的能力范围扩大加深，避免做相同的事情，这样才会提高原本公司需要你的机会，也提高了你回原公司任职的机会。

高手的提醒

牵扯到职位与职缺的"人事"问题，你要永远记住："人"
在"事"的前面，要先搞定人，否则若缺乏内部人的支持，
你把事情做得再好，也未必有机会回到原本的公司任职。

——李柏锋这样说：

想想看，如果你跟男朋友或女朋友分手之后反悔了，还回得去
吗？不是不可能，只是概率不高。

但是有一种情况，倒是成功率会比较高。如果你原本在 A 公司
是基层员工，待了一阵子之后，对公司已经很熟悉了才离开，而公
司内部也有不少人脉。离开之后，你可能到其他公司任职，或是展
开自己的斜杠职业生涯。总之，你渐渐从基层员工的位阶晋升到管
理职，这个时候的确很有可能再回去 A 公司，因为你对 A 公司够熟悉，
A 公司的人也认识你，聘用你的风险低了许多，而你必须在外面历
练了一圈之后，变得更专业了，才能给 A 公司一个聘用你的理由。

只是，一家公司的管理职，空缺的机会有多高呢？

9

CHAPTER

个体崛起篇

未来社会，个体是产品也是品牌，如何个体崛起？

46
先谈价值，再谈价格？

初期先不求短期获利最大化，而是采取扩大客群（扩大市场占有率）的方式，等拥有一定知名度之后，再开始逐步调高价格，客户会因为已经使用习惯而继续选择买单。

如果你毫无名声，尽快扩大

如果你才刚跨入一个新的领域不久，知名度尚未打开，除非你背后有很强的大型财团支持，或有知名人士和你合作、甚至愿意担任你的代言人，否则初期你很难采取高价策略，甚至于，你想收到钱都不是太容易。反过来说，如果你想要拉高定价，你最好先接触"够分量"的公司或知名人士（至少在某个特定领域小有名气），让他们先对产品或服务感到满意，愿意帮你说好话，如此将有助于你缩短打开知名度的时间，"×××也是使用我们的产品或服务，而且很喜欢"，有了这项肯定，当陌生拜访时，容易突破客户的心理防线。这也是为什么，国外品牌刚进入一个国家时，在当地完全没有知名度的状况下，会愿意砸重金聘请当地的知名红人来担任代言人，因为这是最快打响知名度的方式。

许多人会觉得自己根本不认识"够分量"的公司或知名人士，所以不考虑这条路径。但是事实上，在你的亲朋好友当中，总是会有一些机会，去接触到这些对象，只是你还不知道或者没有用心去找而已。因此，不少事业成功的过来人都会建议新人，在你已经开始个人事业时，广泛公开地向你周遭所有亲朋好友宣告，你正全力投入这个事业，而且需要他们的帮忙。如果你闷不吭声，没有人知道你在做什么，更不会知道如何帮你。

先界定目标客群，才能订出合理价格

无论是在哪一个领域，客户的水平从低到高的差异非常大，因此所对应的定价也可能从很低到很高都有。你一定要先有一个正确的观念："一个产品或服务很难讨好每个客户。"因此，在营销学当中的"4P"：定价（Price）、产品（Product）、促销（Promotion）、渠道（Place），定价列居产品之前因为定价攸关你锁定的目标客户群，必须先明确界定出你的目标客户群，才有其他相关的设定（往往是在产品发售之前，就要先确认市场真正需求是什么）。

如果你是一人工作室，或者两三人的小型创业，通常先锁定中低价位的客户群，比较容易打开知名度，除非你们的技术居于领先整个业界的平均水平，才能选择中间价位路线；至于高价位，往往必须要有很强的营销团队、业务团队以及后勤支持才行，不会是斜杠青年的首要选项，而是等到成为知名人士之后，与大型平台相互合作，辅以营销、业务、后勤相关的支持，才会有较高定价权。

这么听起来，知名度不高的斜杠青年似乎只能走低价路线？这倒不是绝对，在本书的第四个问题"先求有，后求好，最后再求独特？"阐明如何自己做市场调查，了解自己的产品或服务在相关领域的竞争者之间是否具独特性，但是即便不够独特性，你仍有三种因应策略：（1）差异化；（2）低成本优势；（3）速度优势。如果你能够做到差异化，或者速度优势化，是可以达到中价位定价水平的。如果你没有这些条件，那么初期最好还是从低价开始，先扩展用户甚至以免费的试用方式，让使用过的人还想要继续用，这样你才能够逐步随着用户总数的增加来缓步调高价格。

如果你的目的是要"总收入最大化"，在价格调涨过程，就算客户有流失但幅度不大，在P×Q(价格乘以数量)获利逐步创新高下，同时也提升高质量与高价格的形象；但如果你的目的是"扩大市场占有率"，那么先不急着调高价格，多花一些时间把受众人数放大，将来知名度提高之后，时机成熟时，再拉高定价也不失是一种好的策略。

先创造高价值，才能有高价格

除了上述"总收入最大化"以及"扩大市场占有率"两种策略之外，还有另一个可以拉高定价的有效方法，就是"要求高价值"。因为面对一个你不熟悉的客户，你想要设定高价位，除非你让他们对这个产品或服务感受到价值很高，他们才会愿意买单。

美国在过去两个世纪最伟大的富豪，约翰·戴维森·洛克菲勒（John Davison Rockefeller，1839 年 7 月 8 日至 1937 年 5 月 23 日）在一封写给他儿子的信中提到："先谈价值，最后才谈价格。"如果你的产品或服务属于少量形态（尤其在服务业很普遍，例如举办课程、私人教练、一对一的顾问、美发或美容、个人美妆或穿搭顾问、个人助理或经纪人），则可以采用此策略，也就是聚焦于你所能够提供的，价值具有高水平、确定对方已经完全接受这些信息，最后才谈价格。目前商场上许多成功人士，都有趋向先谈价值的习惯，甚至有九成时间都在聊共通的兴趣和话题，而价钱最后离开前才谈，甚至下次再说。

高手的提醒

对于新入行的新人来讲，握有议价能力是很低的，通常是买方比较强势，因为对于尚未建立知名度的产品或服务来说，客户愿意来使用就已经是给你机会（甚至是恩惠）。

初期先不求短期获利最大化，而是采取扩大客户群（扩大市场占有率）的方式，等拥有一定知名度之后，再开始逐步调高价格，客户会因为已经习惯使用而继续选择买单，这是长期获利最大化的较佳策略。

——李柏锋这样说：

这跟你的目标市场有关。同样是理财课程，可以针对年收入百万以下的小资族，也可以针对年收入千万以上的高资产人士，定价、内容与呈现方式当然就会有很大的差距。

所以，不要以为什么人都是你的客户。你必须先确定目标消费者，再来就可以针对适合的对象进行调查，找出一个合理的价格范围。此外，通常市场上不太可能没有竞争者，也可以参考他们的定价，再微调价格范围。

找出来这个范围之后，建议先从价格范围的下限开始进行销售，因为初期你的产品或服务可能质量还有待改进，在没有建立口碑前，也能"薄利多销"。接下来，就必须持续改进你的产品或服务，尽可能让销售快速结束，例如推出课程都能很快满座、推出限量产品都能秒杀，如果你能做到这个程度，接下来就可以调涨价格了。

所以，合理价格不但是测试出来的，也是设计出来的。测试，是通过市场的反应找到你的合理价值；设计，是通过对产品的持续优化而努力提升价值，并且表现在价格上。

47
内容 =what、产品 =how、服务 =why ？

高质量的内容、产品、服务，绝对就是最好的广告。

社交媒体是最低成本且最快速的成名渠道

拜网络及移动设备普及所赐，目前人们对于互联网、手机及平板上的通讯软件使用率已经非常的高，像是 Facebook、YouTube、Instagram 等软件[①]，绝大多数人每天几乎使用至少其中一种软件。Facebook 的粉丝页、社团，堪称是目前（截至 2018 年上半年）最好用而且免费的社交媒体。安纳金本身并不花钱在广告上，但会善用这些平台。

如果你擅长于撰写文章，那么撰写博客通过 Facebook 分享或者直接在 Facebook 当中写文章分享，是最容易被大众予以转发的平台。同理，YouTube 是适合影片形式、Instagram 是照片形式。要将自己的产品或服务尽快推广出去，以上几种媒介你可以同时使用，因为

---

① 编者注：大陆则流行微信、微博、简书等社交软件，参见前文。

每个人习惯使用的平台不同，跨平台的曝光较能够同时触及不同人群。

芝加哥大学主持的《劳动经济期刊》（*Journal of Labor Economics*）中的一篇研究发现，帮忙找到工作的朋友，90%都是"弱联结"的人（指的是朋友的朋友，或者仅是彼此认识但是没有常碰面的朋友；相对地，你的家人或死党就是"强联结"）。在互联网以及社交媒体普及的时代，人们对于弱联结的意见，甚至有时候看得比强联结还重要，因为他们是客观的第三人，因此比较能够提供中肯的建议。例如你想寻找一家好餐厅来和另一半共进浪漫晚餐，你会在网络上搜寻评价；而通常产生创新的点子或创意来源往往不是来自于你的家人或死党，而是原本不熟悉的人。

如何有效使用 Facebook 拓展知名度

安纳金从 2016 年 2 月底开始，在网络上撰写免费分享的文章，到 2018 年 2 月底的时候，短短两年，粉丝数目已经超过三万八千人，而累积文章点击量超过七百万人次，累计三本著作则已经热销近七万册。这是近年来崛起速度最快的一位财经博主，这样的卓越成绩背后，安纳金从来不露脸（不拍影片、没有照片、没有声音、不开课、不和任何粉丝见面、没有签书会、不上任何节目），这样要如何做到呢？

他首次透漏了以下三个快速拓展知名度的方式：

1. 高质量的内容

现在人们不是信息不够，而是信息过量而时间太少，不可能同时着眼于很多不同来源的信息而必须做取舍，因此，"抢眼球"就要凭真材实料、令人眼前一亮的内容，让读者想要将你所发表的内容优先阅读。加上鼓励"分享"适时举办赠书活动来刺激读者分享，是增加陌生粉丝来源的最快途径，而读者们也很乐于转发这些极有价值的内容与其他好友们共享。

设法让你的粉丝"分享"你的文章，就相当于投资领域的"复利效果"，可以衍生更多你无法触及的人群，等于是通过这些粉丝们免费主动帮你宣传，有事半功倍的效果，这也比花钱在Facebook"买广告"有效得多。

切记，内容质量是一切的基础，如果没有令人惊羡的内容，宁可不频频发表，因为粉丝反应平淡会使点赞数或分享数不如以往，Facebook顺理成章降低你的粉丝页点击率，再发表新文章时，能够接收到信息的粉丝比率当然更低。以个人经营的粉丝页（非企业的）来说，一天发文超过两篇的话，其结果是点击率都变低，这样会逐渐沦为"僵尸粉丝页"，也就是点赞和留言都减少，这几乎是一个不可逆的下行之路，若你的粉丝页每一篇贴文的平均点赞人数低于一百，基本上就不会有任何厂商想要找你合作（你已经过气了，影响力式微）。

2. 善用 Facebook 社团

因为粉丝页是公开的，基于人们越来越注重隐私，不希望自己的点赞、留言，或任何互动的过程被其他人看到（尤其是自己公司的老板、同事、甚至家人），因此倾向于不在粉丝页上有任何互动。Facebook社团则多半设为不公开，人们只要确定不会造成自己不便曝光的对象在同一个社团里面，就会比较愿意在社团中点赞、留言，甚至与版主或他人互动。

由于安纳金发表的内容普遍都具备高质量特性，因此在社团内很容易有大量的粉丝互动，进而可以主动和创立社团的管理者联系，争取自己被设为社团"版主"的资格，只要先约定好不涉入社团管理（包括社员发表文章的审核放行、成员入社的审核、剔除社员资格，等等），通常大型社团的创立者，会乐于见到实力很强的人成为他平台上的战友，而这关系就等同于前面所提到的"群聚效应"。目前安纳金同时担任了五个中大型Facebook社团的管理者或版主，这五个社团合计近二十万人，就是最好的粉丝互动平台（而不是只在自己的粉丝页上）。

3. 广结善缘

人脉就是钱脉，一定要尽可能跟任何人维持良好关系，因为多一个朋友就少一个敌人。知名度壮大之后，就容易被其他竞争者攻击，但尽量不要做任何回应，因为网络上知识分子居多，看到A攻击B的话，通常"可能"对B存疑，但"一定"对A的品德观感下降。

在网络无远弗届的世界里，维持一贯的良好形象与品德，受到的尊敬远比专业高低来得重要。要记住，在大数据（Big Data）时代，你所有的网络轨迹都是被储存在云端的，而且无法删除，一旦稍具名气，过去所有负面消息都会被挖出来讨论。

　　只要你继续留在市场内，就永远有机会不断证明自己的专业能力，然而一旦网友发现你人格上的污点，想试图抹去、漂白是有困难的。遇到有心人士刻意攻击、抹黑（通常是想要抢你客户的竞争者），只要你的粉丝人数够多，也一定会有仗义执言的铁粉为你打抱不平，不需要自己涉入相互攻击的漩涡中。

"黄金圈"是最佳的与人沟通模式

　　TED 有史以来最热门、点击率最高的一段影片，是由领导学专家西蒙·斯涅克（Simon Sinek）主讲的《伟大的领袖如何鼓动行为》（*How Great Leaders Inspire Action*），已经有近四千万人次点击观看。该影片用一个简单的同心圆，解释了为什么人们喜欢苹果（Apple）的产品，以及伟大的领导者为什么激励人心的原因。他提出了"黄金圈"（The Golden Circle）理论："人们不会买你在做什么，他们买你为什么这样做。"黄金圈的图示请参见〔图 47-1〕。

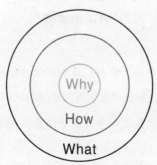

〔图 47-1〕　黄金圈（The Golden Circle）

想要打动客户或你想要沟通的对象，就必须先从"为什么"（Why）开始，阐述你的理想与愿景；其次才是"怎么做"（How），也就是你通过哪些方法来实现这些理想目标；最后则是"做什么"（What），将你具体的产品或服务，以及受人肯定的成果展现出来。唯有先从理想和愿景开始才能真正激发对方的热情，以及相信你是真的全力以赴在自我既定的目标上努力经营着，其余的相对次要。只要对方被你打动，基本上，价钱也不是太大问题；相反地，如果你先兜售产品，大多数人都会先有防备心，之后也就很难打入他们内心。

举个实例，这本书之所以能够获得多位台湾的杰出斜杠人士们支持，无偿地参与，贡献出他（她）们对某些难题的经验谈与智慧结晶，关键就在于本书作者和出版社在接触这些成功人士时，先以"为什么"开始，阐述出版这本书的理念是引导台湾年轻人清楚了解未来职业生涯发展方向，具有承前启后的价值贡献，基本上，没有一位成功人士会想拒绝这么具有社会意义的提案。至于合作的细节，通常只占了讨论过程不到 20% 的时间，这就是成功者的沟通模式。

高手的提醒

高质量的内容、产品、服务，绝对就是最好的广告。你应该花心思在如何产生出令人眼前为之一亮的原创内容、如何让人用了就爱上的产品或者满意到会上瘾的服务。这比广告强上数十倍、百倍！

——李柏锋这样说：

斜杠之后，请把自己当个生意人。生意人想的不是不花钱，而是怎么花小钱赚大钱。你当然可以不花钱买广告，但是你为什么不去试试看花钱买广告的效果好不好？

现在是信息的时代，凡事都请记得，要找对数据来让你做决策的依据。所以不要问需不需要花钱买广告，而是先去试试看买广告和不买广告差异有多少？当然，也不只有这个测试，你还要测试，Facebook 的广告还是 Google 的关键词广告能带来比较多营收？一个月花一千和一个月花一万的营收差异又是多少？你必须要自己测试出什么是回报率最高的条件，让自己不断朝优化的方向前进。

48

常态之外的意外才是人生的精彩?

遇到挫折是认识自己最好的机会，人的成长也往往发
生在逆境中。

成长往往都在逆境当中

挫折通常来自于以下两种不同的情境：得不到自己想要的结果，
因犯错而耿耿于怀。前者是因为得不到而痛苦，后者是因为失去而
痛苦，两种挫折的处理方式稍有不同。

如果是因为得不到而痛苦，这就像你想要追求一个人却追不到，
这在每一个人的人生当中几乎都曾经遭遇过，而且有些男生经历的
次数可能更多，但是这些"想得又得不到"的痛苦，却激励自己想
要变得更好。股神巴菲特的合伙人，也是影响巴菲特最深的一位挚
友查理·芒格说："要得到你想要的东西，最可靠的方法是让自己
配得上拥有它。"

人们往往都是在身处逆境时加速成长，让自己变得更好更强；
在顺境当中反而容易怠惰而安于现状，于是未来失去的风险反而持
续变大。也因此，短暂得不到眼前想要的，更可激励自我的提升，

而在未来得到甚至更好的。我想许多人都有过这样的经验，在情场失意多年以后，偶然中看到当初心仪的对象，却觉得："他现在看起来也不怎么样，我现在的状况似乎更好。好险当时没有和他在一起！"

我想你一定有过这样的经验，不管是人、事、物，都大同小异。生理上如果遇到病毒的感染，痊愈之后往往会具有抗体，因而在未来一段时间内免疫、甚至终身免疫；心理上，你也可运用类似的机制：用自己亲身经历过的这些过去经验，来作为下一次遇到挫折时对负面情绪的抵抗力。人类只要是健康的身体，其免疫系统就会自然运作，但是心理素质的强弱则往往是靠经验的累积，如果你个人的经验不足，当遇到挫折时，最好求教比较有经验的人来给你建议。如果你不方便开口请教别人，那么市面上已经有许多探讨情绪管理、面对挫折相关的书籍，可以借由这些专家在著作中指导的方法强化自己的心理素质。

如何减轻失去的痛苦？

相较于得不到的痛苦，因为失去所产生的痛苦往往更深且强烈、更不易面对。Facebook 首席运营官、《时代》杂志最有影响力人物，谢丽尔·桑德伯格（Sheryl Sandberg）在 2017 年和亚当·格兰特（Adam Grant）合著的《另一种选择》（*OPTION B*），是我认为近年来写得相当好的一本励志书籍，尤其针对失去的痛苦，提供了许多具体而实用的方法，来迎接更美好的人生。

谢丽尔·桑德伯格有着众人向往的 A+ 人生，完美的履历、令人称羡的工作、亲密的老公与孩子。但是在2015年，桑德伯格的丈夫却在一次度假中毫无预警地意外去世，她的人生也瞬间陷入不见底的痛苦。后来，借由一些朋友以及心理学专家的协助，她找出了拥抱B选项、重新开始，勇敢地活出自信。这本书包含如何从逆境复原的研究新发现，也收录了来自各领域许多人克服逆境的故事，包括面临病痛、失业、性侵、暴力、天灾与战争暴行等重大失落，看他们如何重写人生，展现人性的坚强面。当然，身为一个斜杠青年，遇到的挫折比起上述的状况通常不会更严重，而果真也面临困境备感无助时，我想这本书应该会对你有所帮助。

预料以外的才是真实的人生

宏碁集团创始人施振荣，是我在高中时代就非常钦佩的一位前辈，也被尊称为台湾的科技创业教父，他用自己四十年来的经验，告诉年轻一代面对挫折与困境时应该有的态度。他说："挫折是必然的，没有挫折就不是人生。失败多了，表示看得多了，也是一种成长。"

安纳金的好友杨士弘先生是一位成功白手起家的创业者，也是个成功的斜杠人士。他发表过一篇很令人激赏的文章，叫作《善始者实繁，克终者盖寡》，他认为：

绝大多数人无论做人或做事都想着有个好的开始，但很少有人能够做到善始善终。因为大多数的人都希望马上努力就马上有成果，太过于专注短期的获利，却忽略了长期学习的效果和经验的累积。

但是经验是无关对错的，对也是经验，错也是经验，可惜的是在锻炼的过程中，大多数的人因为挫折而放弃了；有人因为回报比较慢，收不到立即效果，放弃了，也因此造就了80%的失败者的共同问题：练习不够深入，也不够持续。"怕输"文化造成保守的心态，然而制订计划，然后勇敢地去创新、去犯错，才是精彩的人生——发生在我们意料之外的才是真实的人生！

高手的提醒

全世界最成功的避险基金经理人之一，桥水（Bridge Water）创始人瑞·达利欧（Ray Dalio）在他的知名经典著作《原则》开头说："在我一生中犯下了许多错误，花了大量时间去反思，才能总结出自己的原则。"绝大多数的成功者并不是运气好，未曾遇到挫折或失败，而是他们从每一次的失败当中不断累积经验与智能，堆栈成为赢家的坚实基础。

——李柏锋这样说：

挫折是认识自己最好的方式，因为挫折会让你知道你的能力圈上限，除非你只是在赌运气，不然你事后反省，一定会知道自己遇到的挫折是源自于什么，而如果你能改进这些缺点，就可以逐渐扩大能力圈，久而久之，就会越来越厉害。

请记得，遇到挫折是好事，大大小小的挫折会不断把你的能力圈撑得更大一点。

49

人生不虚耗，如何及时止损？

　　无论你选择哪一条路线，事先将目标、预估的时间和财务计划预先设定好一个基准很重要，如此才能适时地去追踪、检视、修正、改进，或者止损。

时间的停损

　　你一定懂这个基本道理：时间比金钱还要宝贵。只是人们在生活中、工作中，往往知道却未必做到，通常是因为太年轻而自己累积的实力还不够资格选择工作，基本上，很难不用时间去换金钱。然而，如果你已经不再年少轻狂，就一定要摆脱这种年轻时滥用时间的坏习惯，转而珍惜时间、善用时间、甚至投资时间（有关投资时间，会在本书的第五十个问题探讨）。

　　无论你是处于专职在单一工作上，还是选择走斜杠路线，都需要建立一个止损标准，才能够减少你人生时间的虚耗。有关专职工作的止损，可以参考本书第一个问题所说的"个人能力的S形曲线"，也就是以〔图1-1〕的概念来评估自己，当你发觉自己的能力和收入"长时间"停留在原本的水平上而没有长进的话，就要警觉你的工作是不是一个能够成长的位置，是否纯粹只能靠时间换取等额金钱的职务，或许你再继续待个五年或十年，这个职务可能会被机器人取代，或者被其他更年轻的人取代，因为对公司来说，用机器人或年轻人更便宜，而且体力更好。

至于所谓的"长时间"，要以多久当衡量标准？每个人的生活步调不同，因此可长可短，但通常至少两年，因为考虑收入停滞只是短期现象，若看得太短，公司的主管认为你定性不足或者忠诚度不够，也就不会愿意将资源放在你身上来栽培你；必要止损设定应该不超过五年，因为在原地自缚了五年都没有进展，主管往往不会给你好的考核分数，人资主管也很难将你视为重点培育的人才，而长达五年表现平庸的结果，也更不容易引起其他公司关注，而让你被困在现有职位上原地踏步，即便自己选择跳槽到其他公司，也未必能够谈到好的条件。

斜杠生涯的时间止损标准

既然在本业工作上有这样的止损衡量标准，那么走斜杠路线当然也可以参考办理。有能力选择走斜杠路线的人，往往是思考比较灵活、生活比较有自主性与弹性的人，因此在时间的止损设定上，应该会比专注于单一本业工作的人缩短些。然而，斜杠发展有区分为很多种不一样的路线，其止损标准当然也就会稍有不同。

对于离开正职工作去从事自由职业者的人，我会建议用一年作为"期中检视"，评估自己投入自由职业之后是不是有符合自己期待、是不是需要微调，可以用两年作为"期末检视"，如果有达到自己期待的 70% 以上，那么也就可以再多花一些时间来努力；但若两年下来都无法达到预期的 70%，就需要审慎考虑或许此路线并不是你最好的发展路径。

倘若两年下来，你只有达成预期目标的 50%—70%，但你的热情不减，再给自己一年的"宽限期"奋力一搏的契机，以避免止损在起涨点上。超过三年，若仍无法达到目标的 50%，就不适合再拖延时间，因为在大多数的公司人资主管或者用人单位的主管眼中，若你超过三年以上没有正职工作，那么就有可能不会任用你，因为他们可能会担心你不适合单一正职的工作，也有可能是你竞争力不足而找不到其他正职工作，因此，空窗期超过三年之后，要回到一般正职工作的难度，就会提高许多。

以上是以脱离正职的自由职业者而言，但如果你是保有正职的工作，兴趣使然发展斜杠人生而增加第二种角色，那么就有相当大的弹性，来决定要不要继续，或者回到原本单一正职的状态。

基本上，以"热情"为衡量标准即可，只要确定自己追求斜杠人生的热情还在，就可以继续发展，因为斜杠所带来的额外收入是次要的，重点在让生活变得更丰富而多彩多姿、让人生价值增添加分效果，并不是纯粹能够用金钱来衡量的。"热情明显消退"就是这一类型斜杠者的止损标准。

斜杠生涯的财务止损标准

除了时间上的止损标准之外，也可以考虑设定财务上的止损标准。一般来说，如果是保有正职工作去发展斜杠人生的状况，收入只会增加不会减少，因为最差就是放弃斜杠发展，回归到原本的单一正职，财务上并不会有损失。

若是因为创业而离开了原本的正职工作，那么财务上的止损就相当重要。因为起初往往需要投入一笔资金，之后再慢慢回收、转亏为盈；若运营不顺，导致亏损扩大，就一定要严格执行止损，免得造成个人负债甚至破产。通常创业之前都要进行财务规划，将"期初投入资金、预估未来每月损益状况、回收期"都事先有个预估值，如果实际运营之后，发觉距离之前的规划有明显落差，无法达到六成以上的财务达标率，那就是不及格。通常创业一年后要严格检视，两年达不到标准的话，就要考虑转型或止损，最多再加上一年的宽限期，所以三年也是一般个人创业者常见的止损界线。有时候止损并不仅仅是停止财务上的损失扩大，更多时候是避免自己陷入情绪低潮太久，而导致将来走不出来，一蹶不振。

如果离开正职工作之后并不是创业，而是担任自由职业者，接各种外包项目或从事个人创作型的工作，并不需要投入一笔资金的话，财务上的压力也就不会像创业者那么大（后者有资金回收、甚至负债的压力）。因此，只要可以满足基本生活开销，是可以多给自己一些时间来追求梦想，累积实力，只需留意时间的止损，避免将来想要回去找一份正职的工作而没有雇主敢用你就行了。

高手的提醒

无论你选择哪一条路线，事先将目标、预估的时间和财务计划预先设定好一个基准很重要，如此将来才能够适时地去追踪、检视、修正、改进，或者止损。这就和投资世界的原则相同，散户们买进股票时往往太过于理想化，之后止损若不够实际，就会陷入越赔越惨、永久套牢的困境。

——关于设定斜杠止损，他们这样说：

江湖人称S姐
目标使你坚定，动力使你行动，坚持使你持续前进。

如果目标明确了，就要学会转念。

你认为遇到挫折，我看到的都是机会与转机。

李柏锋
我要谈的止损，不是回归只有一份工作那种单纯的样貌，因为那对大多数人来说都很容易理解也很熟悉。我要谈的是别让自己累死。

职业讲师圈流传着一句话：不是饿死的，就是累死的。意思是不够厉害，接不到课的讲师就会饿死；但是厉害的讲师，课又接到

吃不消，反而累死。

　　斜杠常常也是如此，甚至更惨一点，一开始很有可能又累又饿。当你发现这种状况的时候，先回到一份工作的情况去休养和修行一阵子，再重新出发吧！但是如果你的情况是吃很饱但是很累，那就很值得思考一下，对你来说，到底追求的是什么？怎样才够？

50
财富自由：要财富也要自由？

任何的投资都需要时间才能够开花结果。换上有钱人的脑袋比有钱更重要，有钱人在"如何投资时间"的能力上远超过平庸者，因此贫富差距才如此大。

时间比金钱重要

很高兴你已经看到了这一题，因为要么你够坚持，把整本书前面都看完了，看到这最后一题，也是本书最深奥的一题；也可能是你够聪明，直接先挑最重要的一题来看；当然也可能纯粹只是运气翻到这一题。无论如何，我都认为这一题的内容攸关你工作、生活、投资，许多层面都有可能受到影响，因此我会希望你把这一页折角，将来有机会再拿起这本书时，把这一题多看几次。

有关财富自由的定义可大可小，每个人观点都不同，但是对于时间，每一分每一秒都在流逝，全世界所有人都往同一个方向走，而且流失的速度是一模一样地快。如果你达到了财富自由，但是生命已经到了尽头，这是很可惜的一件事情，因为你付出努力一辈子，还来不及享受就被迫告别人间（除非你很享受付出努力的过程本身，而不是结果，那就不可惜）。因此，财富自由的目标一定要和时间有关，不然就失去重大意义。许多人的人生最后并不快乐，并非没有赚到钱，而是拥有财富的时候，已经太晚（可能包含失去你的亲人，因为生命会不断消逝，并不会等你），如果没有你所爱的人一起共享，有钱也并不一定快乐。

有些人会把"财富自由"这四个字定义为累积到某一个财富水平，例如拥有三千万新台币的现金，或者五千万新台币，或者一亿新台币，这并不是一个好的定义或目标，因为你不知道要花多长时间达到，而通货膨胀每年还在不断地侵蚀你的资产实质购买力，未来数十年后的三千万新台币有可能连一间公寓都买不起。

财富自由的目标该如何定义

许多人看到"财富自由"这四个字，会把重点放在财富，而我认为有智慧的人会把重点放在自由。如果你拥有财富，却失去自由，难道会快乐吗？许多国内外的金融弊案让原本知名的富商在监牢里度过的例子不胜枚举，可见有钱并无法免除牢狱之灾，也不能购买自由。反过来，如果你拥有自由，但是没有财富，会不会快乐？这就不一定，许多懂得知足的人并不需要财富就能够感到生活不匮乏的满足与快乐。

李笑来在《财富自由之路》当中，对于财富自由的定义是："再也不用为了生活而必须出卖自己的时间。"是个不错的定义，在这个定义当中没有财富两个字，却清楚指出时间是人生更具价值的资产。

我则提供另外一个高精神层次，而且又不难做到的定义："做自己想做的事情，却不用担心财务的问题。"这代表着，你想做什么就做什么（拥有自由），而且没有财务上的问题，这在精神上是很容易让人快乐的，至于为何我说不难做到？因为你并不需要非得赚到钱之后，才能够做自己想做的事（若非得等到"赚到钱"这个前提先达成，那么概率就会降低，而且就算达成，你开始做自己想做的事情时也比较晚了）。因此，如果可以通过某些方法，让自己达到不再担心财务上的问题，你就可以提早开始做自己想做的事情。

事实上，许多人的幸福感是通过与他人比较而来的，例如，你有三千万元就一定会快乐吗？如果等累积到三千万元的时候，你周遭的人都拥有五千万元或一亿元，你还会感觉快乐吗？就算不跟别人比，只跟自己比，如果你原本期待自己五十岁就达到财富自由，结果延迟到六十岁甚至七十岁才达到，你可能也会在频频怅然过程当中感到闷闷不乐。

因此，我认为设法让自己可以提早开始做自己想做的事情而且又不用担心财务的问题，这是无论是否跟别人比较或跟自己比较或者不用比较都可以感到快乐的方式。因此，我极力推荐你对财富自由采用这样的定义方式，那么你达成的概率也就提高了，也缩短了你达成的时间。

如何提早开始做自己想做的事情，又不担心财务问题

"创造被动收入"这个方法，是我观察了许多社会上的成功人

士所普遍实行的方法，也是我和几位财富自由的好友们所使用的方法。在《富爸爸穷爸爸》一系列畅销书当中，也是提倡这样的观念：无论是通过经营事业来创造收入，或者通过投资来打造稳定的现金流，都是让自己不用再花费自己的时间来换取金钱的方法。在许多人的定义当中，只要被动收入大过于每个月的生活开销，基本上就是财务自由了。要达到这个目的，自行创业的风险是比较高的，因为你也可能因为创业失败而导致财务陷入困境，甚至破产。

学习妥善的投资理财，是比经营事业还要低风险同时可行性较高的方式，多数人都可以朝这个方式来努力。要尽可能地把你的资产分散配置在能够创造稳定现金流的投资目标，例如高股息股、稳定孳息的债券、外币存款、买房收租、REITS、特别股、可转债……都是不错的选项。MissQ 是目前市场上少数精通这些不同的孳息资产类别的专家，而且她本人在三十多岁就达到财富自由，因此我极力推荐你追踪她在脸书"MissQ 退休理财园地"所发表的文章和观点。

当然，你若以个别的单一资产类别来看它的价格涨跌，会觉得买卖时机不佳有可能会赔钱，然而，真正富有的人并不会如此庸人自扰，他们宁可选择同时分散投资在较多的资产类别上，以"整体资产总值"来衡量，并且不太过于短视，采取每一季，甚至以每年的方式来检视，那么就容易达到"持续不断的稳健增值"的结果。同时也省下了不必要的盯盘时间，而把宝贵的时间用在做自己想做的事情上——这就是前述我对财富自由的定义。

换上有钱人的脑袋比有钱更重要

任何的投资都需要时间才能够开花结果。前述的各种投资目标，也都是需要随着时间的推移才会孳息，为你产生现金流；有些人缺乏耐心，而使用借钱投资或者放大杠杆的方式试图去压缩时间赚取获利，其实这是得不偿失的。因为波动率越大，对于资产的累积将产生负面影响（数学上就可以证明，波动率越大造成的复利效果越差）。求稳才会随着时间累积而产生明显的复利效果。

能够压缩时间来达到较佳财富累积效果的，是换上有钱人的脑袋，也就是学习有钱人的思维逻辑以及待人处事的习惯。这个方法在 T. Harv Eker 于 2005 年所著的畅销书《有钱人和你想的不一样》（*Secrets of the Millionaire Mind*）被大力宣扬，因为造成有钱人和穷人的差别往往不是在于机遇或者本金多寡，而是在于思维和习惯的差异。因此，富有的人就算你把他的财产全部拿走，他也能够重新开始，在比别人更短的时间内创造出可观的财富，因为他们懂得赚钱的方法和正确的思考习惯。

投资时间比投资金钱更重要

最后，提供给你安纳金在财富自由上的一个秘诀：投资时间。真正的赢家们是不会受限于单一市场、单一资产类别的，他们总是可以跨过很多种资产，甚至跨到非金融资产，例如智慧资本、人脉资本、声誉或功德的累积，不断地创造人生的总财富巅峰。有钱人在"如何投资时间"的能力上远超过平庸者，因此贫富差距如此大。

我们从小到大，学习如何投资理财的机会很多，但是却很少能够学到如何投资时间。时间比金钱重要，因此投资时间也比投资金钱更重要。因为金钱能够投资的目标有限，几乎都是"金融资产"，而且定价权不在你，如果市场一面倒地抛售，你所持有的金融资产价格自然遭牵连；时间能够投资的目标更广，而且不受制于市场上其他人的干扰。将时间投资在自己的智慧资本、人脉资本，同样都可以在将来转化成庞大的财富收益；而声望或功德的累积则是金钱以外，人们终其一生最后成就感的高低所在。你不难发现台湾许多大企业家，为什么最后都以慈善基金会的形式大量捐款，而曾经是世界首富的比尔·盖茨，沃伦·巴菲特，甚至不打算留下任何遗产而将其全数捐做公益。因为金钱对富者来说是最廉价、最容易取得的；声望和功德则是多数有钱人最后的竞技场。

高手的提醒

财富自由只是人生幸福快乐的其中一种来源，面对人生，财务数字永远只占我们人生幸福总值的一小部分而已。建议你在累积财富的同时，也投资时间在亲情、智慧资本、人脉资本、声誉或功德的累积上，这些无形资产会加速你的财富累积，同时也增加你人生的总幸福感。

图书在版编目（CIP）数据

能力升级 / 安纳金, 黄常德, 爱瑞克著. -- 北京：
中国友谊出版公司, 2019.8
ISBN 978-7-5057-4626-8

Ⅰ. ①能… Ⅱ. ①安… ②黄… ③爱… Ⅲ. ①成功心
理 – 通俗读物 Ⅳ. ①B848.4-49

中国版本图书馆CIP数据核字（2019）第040571号

著作权合同登记号　图字：10-2019-0667

书名　能力升级
作者　安纳金　黄常德　爱瑞克
出版　中国友谊出版公司
发行　中国友谊出版公司
经销　北京时代华语国际传媒股份有限公司　010-83670231
印刷　北京市松源印刷有限公司
规格　880×1230 毫米　32 开
　　　　8 印张　150 千字
版次　2019 年 8 月第 1 版
印次　2019 年 8 月第 1 次印刷
书号　ISBN 978-7-5057-4626-8
定价　39.80 元
地址　北京市朝阳区西坝河南里 17 号楼
邮编　100028
电话　（010）64678009